养老设施建筑设计详解2

周燕珉　等著

中国建筑工业出版社

前　言

　　我国正面临史无前例的、大规模的人口老龄化进程，高龄化、失能化、空巢化、少子化现象并存，仅依靠家庭照料越来越难以满足老年人的养老需求，特别是一些身体健康状况不佳的高龄、失能老人，需要入住专门的老年人照料设施，在社会的帮助和支持下养老。数据显示，2010年到2016年，全国养老设施床位数量已从350万张上升至680万张，年均增长率达12%。未来几十年，我国的高龄老年人口数量还将持续快速增长，为满足养老照料需求，仍有大量的养老设施有待建设。

　　养老设施最重要的设计目标就是要满足老年人的需求和运营管理的需要。但是，我国养老设施的设计现状却不容乐观，存在诸多问题。笔者及团队曾参与过北京市养老机构和社区养老设施的普查项目，还对上海、广州、佛山、深圳、南京、大连、杭州等许多城市的养老设施进行过大量、长期的调研。调研中我们发现，许多养老设施存在安全隐患，适老化设计不足，功能配置不合理，未考虑结合老年人身体条件的衰退变化进行适应性设计。还有一些养老项目从一开始就陷入程式化设计，仅注意满足设计规范的最低要求，却较少考虑老人的生活习惯和心理需求，以及运营管理方对服务流线、人力配备、工作效率等方面的需要，致使建成后的建筑空间不但难以满足老人的使用要求，还增加了运营方的负担和人力成本。

　　在与设计人员、老人院院长、服务人员等的长期接触中我们感到，一方面，目前许多设计人员因刚开始接触此类项目，对老人和运营方的需求还不够了解，设计困惑较多；另一方面，运营方由于没有建筑专业的背景知识，往往难以清晰表达自身对空间、流线等方面的需求，沟通不畅。以上两方面原因导致项目中的许多设计错误未能及时避免，甚至反复出现，浪费了宝贵的资金，而当事后想要解决这些问题时往往为时已晚，老人已经入住，拆改困难重重，需要付出巨大的代价。

　　当前的养老设施建筑设计亟须设计思路和方法上的指导，但目前市场上相关的指导用书还比较匮乏。为此，我们决心写作《养老设施建筑设计详解》，将二十余年来在养老设施设计方面的研究成果和实践经验与读者分享。本书写作立足于养老设施使用者的需求，从现实国情出发，总结、提炼出了较为实用的建筑设计理念和设计要点，方便在实践中应用。

　　希望本书能够成为一座桥梁，加深设计师、运营方和投资开发商等各方的相互理解，便于更好地开展合作。希望设计师通过本书可掌握养老设施的功能要求和设计要点；运营方通过本书能理解设计的要领和空间的相互制约关系；投资开发商通过本书可了解空间设计与运营管理的相关性，明确投资与建设的需求。另外，本书也适合于养老产业相关的政府工作人员、社会人士和学生等阅读和参考。

本书的研究对象是为老人提供照料服务的养老设施，如老年养护院、养老院、日间照料设施等。这类设施的主要服务对象是高龄、失能、失智老人，即市场划分中有刚性需求的老人。本书从使用者的需求出发，对这类建筑的设计思路和设计要点进行了重点讲解。

本书卷 1 与卷 2 内容共分为四个部分：

"背景篇"（卷 1 第一、二章）对我国老年建筑的发展状况及发展趋势进行总体概述。

"策划篇"（卷 1 第三章）对养老设施项目的策划思路、空间需求和功能配置进行全面梳理。

"设计篇"（卷 1 第四、五章和卷 2 第一章）是本书的重点篇章，用图文并茂的方式对养老设施建筑的整体布局和公共空间、居住空间的设计要点进行详细讲解。

"案例篇"（卷 2 第二章）对笔者团队主持和参与设计的典型实践案例进行总结分享。

本书的写作追求深入浅出，既方便短时性的随遇随查、启发思路，又保证深入细读时能理解原理、掌握设计内涵。

在写作方法上，本书十分注重对设计思路的说明，力求提供多元的设计视角和切实可行的设计建议，让设计人员不仅掌握设计的要领，还能理解背后的需求和原因。书中大量运用了对比的手法提示设计误区和正确做法，希望对设计工作给予有效的帮助。

在表现形式上，本书希望读者能够轻松翻阅、一目了然。经过多次的思考与尝试和反复的调整修改，本书最终定型为"一页一标题"的排版方式，内容具体、图文并茂，希望读者翻到任何一页都能开始阅读，而且仅浏览标题和图表即可把握该页内容的大意和要领。

本书是一个全新的创作，从动笔到完稿三年有余、耗时很长。在写作过程中，我们不断调研求证、不断提高认识，期间曾对全书架构做过多次重大调整，各节书稿平均修改二十余遍，目的是希望通过反复的推敲凝练，提高本书内容的准确性、适用性和易读性，避免产生歧义、造成误导。

　　与笔者合作编写本书的人员包括清华大学建筑学院的教师、博士后、博士生、硕士生，还有笔者工作室的多名建筑师。另有十余人参与了本书的资料收集、绘图辅助和排版校对等工作。大家在漫长的写作过程中都保持着极大的热忱，付出了艰辛的劳动，本书的出版面世是对他们长久努力的最大肯定。

　　本书的写作和出版得到了各界的大力支持。感谢上海悉地工程设计顾问有限公司为本书的编写提供赞助，并在一些专业设计问题上提供技术支持。感谢江苏澳洋养老产业投资发展有限公司、广意集团有限公司、北京泰颐春管理咨询有限公司、宁波象山崇和源置业有限公司、仕总集团天津京城投资开发有限公司、泰康之家埔城置业有限公司、中大颐信企业管理服务有限公司、乐成老年事业投资有限公司、万科企业股份有限公司、北京天华北方建筑设计有限公司等企业对笔者团队的信任，通过实际养老项目的合作为我们提供研究和实践机会。感谢北京市民政局、朝阳区民政局、顺德区老年事业促进会、保利和熹会老年公寓、长友雅苑养老院、广意集团乐善居颐养院、乐成恭和苑、北京国安养老照料中心、北京英智康复医院、北京市养老服务职业技能培训学校等政府部门、养老设施和社会团体为笔者团队提供了宝贵的参观调研和深度访谈机会。还要感谢很多养老设施的院长和一线工作人员与我们分享他们的实践经验，在向他们请教、与他们交流的过程中，笔者团队受益匪浅。另外，本书中一些图纸和照片来自于我工作室保持长期合作的企业及个人（已在书中注明图片来源），在此一并表示衷心的感谢。

　　尽管笔者及写作团队力求向读者展现最新的设计理念和实践心得，但由于当前养老市场发展迅速、实践项目层出不穷，故在一些设计理念和未来趋势的判断上可能存在一定的局限性，内容上也难免有疏漏不足之处，还望广大读者不吝赐教、多多指正。

　　在本书之后，我们还计划就养老设施医疗空间、康复空间、后勤服务空间等更多建筑空间的设计，以及养老设施室内设计、室外环境设计等方面继续著述，推出后续的书籍，希冀构筑起养老设施设计的完整知识体系。

于清华大学建筑学院

2017 年 12 月

本书执笔者及参与者

主笔人：周燕珉

卷 1 各章节合作者名单：

第一章	**中国老年建筑的总体情况**	
第 1 节	中国人口老龄化与养老需求	林婧怡
第 2 节	中国养老相关政策标准与老年建筑类型	林婧怡
第二章	**中国老年建筑的发展状况与方向**	
第 1 节	中国老年建筑的现状与问题	林婧怡
第 2 节	中国老年建筑的发展方向	贾　敏；林婧怡
第三章	**项目的全程策划与总体设计**	
第 1 节	项目的全程策划	贾　敏
第 2 节	使用方的空间需求调研	贾　敏
第 3 节	建设规模与建筑功能配置	林婧怡
第四章	**场地规划与建筑整体布局**	
第 1 节	场地规划与设计	陈　星
第 2 节	建筑空间组织关系与平面布局	林婧怡
第 3 节	建筑空间流线设计	李广龙
第五章	**居住空间设计**	
第 1 节	护理组团	李佳婧
第 2 节	组团公共起居厅	李佳婧
第 3 节	护理站	李广龙
第 4 节	老人居室	秦　岭
附　录		
	有关运营方空间需求的调查问卷（示例）	贾　敏；秦　岭

卷 2 各章节合作者名单：

第一章　　公共空间设计

第 1 节　　门厅　　　　　　　　　　　　　　　　　　　　　　李广龙

第 2 节　　公共走廊　　　　　　　　　　　　　　　　　　　李广龙；李　辉

第 3 节　　楼梯间与电梯间　　　　　　　　　　　　　　　　陈　瑜；李　辉

第 4 节　　公共活动空间　　　　　　　　　　　　　　　　　李佳婧；雷　挺

第 5 节　　就餐空间　　　　　　　　　　　　　　　　　　　陈　瑜；李　辉

第 6 节　　公共卫生间　　　　　　　　　　　　　　　　　　林婧怡；陈　瑜

第 7 节　　公共浴室　　　　　　　　　　　　　　　　　　　李佳婧；陈　瑜

第二章　　典型案例分析

第 1 节　　综合型养老设施——优居壹佰养生公寓　　　　　　贾　敏

第 2 节　　护理型养老设施——泰颐春养老中心　　　　　　　贾　敏

第 3 节　　医养结合型养老设施——乐善居颐养院　　　　　　李佳婧；贾　敏

第 4 节　　小型多功能养老设施——大栅栏街道养老照料中心　程晓青；王若凡；杨施薇

统稿及内容修订：　贾　敏、林婧怡

美工设计：马笑笑、贾　敏、杨含悦

资料收集：李　辉、雷　挺、孙逸琳、张　玲、吴艳珊、唐　丽

辅助制图：郑远伟、王元明、徐晓萌、杨含悦、丁剑书、许　嘉

后期校对：贾　敏、秦　岭、陈　瑜、李广龙、林婧怡、李佳婧、陈　星

目　录

第二章　典型案例分析　129

第一章
公共空间设计

CHAPTER.1

第 1 节
门厅

门厅的常见功能及位置选择

▶ 门厅的常见功能

本节所讲的门厅指的是公共人流集中使用的主入口门厅，不包括后勤入口、医疗入口等次要入口的门厅。

主入口门厅（下文简称"门厅"）是进入养老设施后的第一个空间，也是人流较大、活动内容较多的空间。因此门厅所承担的功能较为丰富，大致可分为以下类别（将在后续展开说明）。

| 集散分流 | 娱乐活动 | 接待管理 | 等候休息 | 展示通告 | 生活服务 |

▶ 选择门厅位置的考虑因素

在养老设施设计的过程中，首先需要考虑的内容之一就是门厅位置的选择。根据过往的实践经验，门厅位置主要与建筑外部的交通路线和内部的主交通核位置有关。

1. 外部交通条件

养老设施门厅的位置一般宜靠近或面向外部主要道路，以形成便捷的进出流线、树立良好的入口形象。

2. 内部主交通核位置

门厅要尽量与主交通核（其位置一般由标准层布局决定）相邻布置，以便人流能够快速地通过门厅和主交通核进行分流。

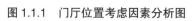

图 1.1.1　门厅位置考虑因素分析图

▶ 门厅的常见位置示例

通过对国内外养老设施进行研究，我们发现门厅一般位于养老设施不同功能区域的连接或交叉部位。这便于人流通过门厅便捷地分流至不同的区域。门厅在养老设施中的常见位置有以下三种：

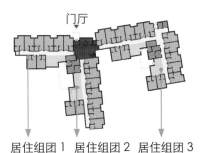

（a）门厅位于多个居住组团之间

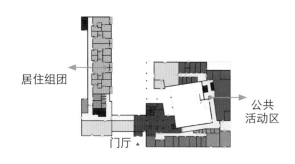

（b）门厅位于居住组团和公共活动区之间

图 1.1.2　门厅在不同养老设施中的位置示例

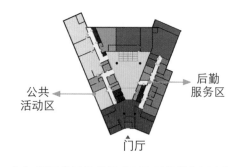

（c）门厅位于公共活动区和后勤服务区之间

门厅的空间引导和视线指引

▶ 进入门厅后须获得明确的空间引导

门厅在空间设计上须具有一定引导性。一般而言，门厅向内部空间引导出 2~3 个方向是比较合适的，方向过多或不明确都可能造成老人在选择路径时的困惑。

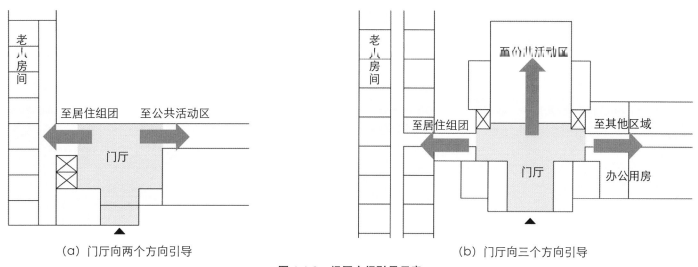

（a）门厅向两个方向引导　　　　　　　　　（b）门厅向三个方向引导

图 1.1.3　门厅空间引导示意

▶ 进入门厅后须获得便捷的视线指引

门厅的主要功能区域，如服务台、电梯等须设置在人进门后前方视野范围内，以便人们明确所去方向，便捷地进行相关活动。

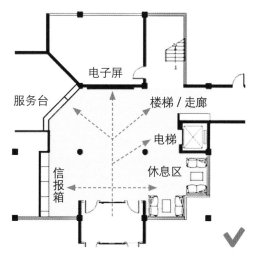

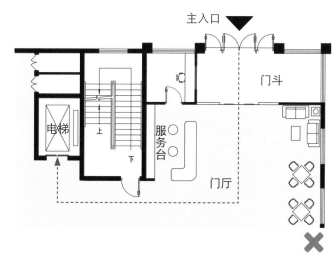

图 1.1.4　进入门厅后须能够清楚地看到主要功能区域　　　　图 1.1.5　进门后不便于找到电梯的错误示例

门厅与其他相关空间的联系

▶ 门厅与其他空间联系紧密程度分析

门厅作为养老设施交通组织的一个核心，与很多空间都需要临近或连通，但在实际设计中，又不可能将所有空间都与门厅结合设置。为了在设计中把握优先原则，我们将门厅与不同空间组合的"亲疏"关系分为四个程度进行考虑：

亲疏程度：　　　1. 紧密 ▅▅▅　　2. 比较紧密 ▬▬▬　　3. 一般 ───　　4. 适当分离 ·····

门厅应与管理办公空间紧密联系

这利于工作人员对出入门厅的人流进行接待、管理和服务，也利于老人经过门厅时与工作人员照面，方便打招呼或咨询求助，营造良好的亲切氛围。

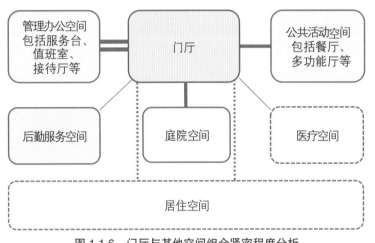

图 1.1.6　门厅与其他空间组合紧密程度分析

门厅可与医疗或后勤空间连通，与居住空间适当分离

中小型养老设施中，门厅也可与医疗或后勤空间连接，使工作人员相对集中，能相互照应、节省人力。

门厅与居住空间宜稍有分离，以避免门厅的闲杂人员和噪声影响居住老人的休息及安全。

门厅宜与公共活动空间具有较为紧密的联系

门厅可作为餐厅或多功能厅的前厅，以利于人流集散，形成热闹、亲切的活动氛围。必要时，门厅还可与公共空间连通，形成更大、更为开敞的空间，增加多功能厅的面积，供老人集中活动，或举办其他大型活动。

门厅宜临近庭院空间

门厅临近庭院时，能够有效改善其自然通风采光条件，形成通透的视野，使人进入养老设施后能够看到庭院内的自然景观，获得良好的第一印象。

图 1.1.7　门厅兼做多功能厅的前厅

图 1.1.8　门厅临近庭院从而获得了良好的采光和视野

▶ 门厅与公共空间融合设置，创造供老人活动的灵活空间

门厅人来人往，气氛较为热闹，老人喜欢在此聊天或活动。室外天气不好时，门厅还可作为老人进行跳舞、练操等娱乐活动的空间。但这并不是提倡将门厅的尺度做得很大，而是建议与其他空间（如公共走廊、休息厅、四季厅等）融合设置，创造灵活的来客空间。

如图 1.1.9 所示案例中，门厅与公共走廊、休息区连通在一起形成开敞空间。老人们可以在这里选择不同的座位一起喝茶、交谈，也可集中做操，路过的老人可自由随意地加入进来，使老人活动多样，生活自在、充满活力。

非活动时景象

老人活动时景象

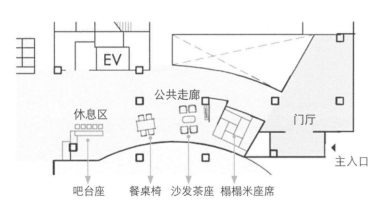

吧台座　　餐桌椅　　沙发茶座　榻榻米座席

图 1.1.9　门厅与公共走廊、休息厅空间融合，具有多功能性

TIPS　门厅尺度不宜过大

门厅的尺度须做到适宜，以利于开展服务工作和营造温馨的氛围。有的养老设施为了追求高档、豪华，将门厅的尺度设计得过大，导致缺乏亲切感、利用率低，且会耗费过多能源。

图 1.1.10　尺度过大的门厅

门厅的功能分区

▶ **门厅常见的五个功能分区**

① 入口区

主要指门斗区域，起到隔风保温作用，也可放置轮椅、雨伞、广告等物品。门斗的防风作用在北方的养老设施中尤为重要。

② 服务台管理区

包括服务台、值班室等空间，一般位于主入口附近，具有接待、管理、值班、提供茶水服务等功能，在开业初期还须兼具营销、咨询等功能。

③ 等候休息区

一般设茶座区、沙发区等。老人可在此接客会友、喝茶交谈、向外观望等。等候休息区一般须置于服务台视线和服务范围之内。

④ 展示区

主要用于展示设施模型、设施简介、艺术装饰品、老人作品、老年专用辅具设备等。展示空间可集中布置，也可分散布置，可利用屏幕、展柜、展墙等多种方式进行展示。

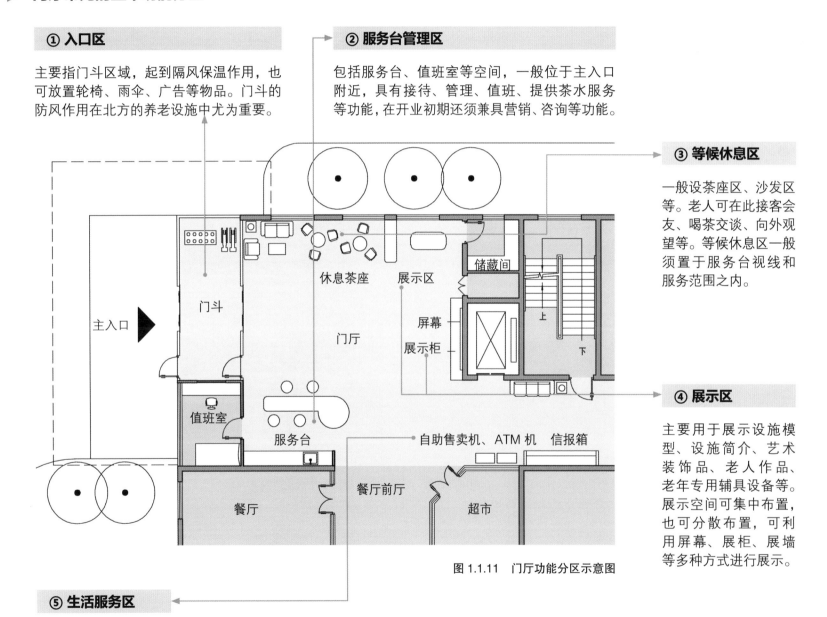

图 1.1.11　门厅功能分区示意图

⑤ 生活服务区

包括信报箱、自助售卖机、ATM 机、快递取物柜、售卖台等生活服务设施。生活服务区与展示区一样，既可集中布置，也可分散布置。宜布置在老人经常通过、方便使用的明显场所，部分设备可设在服务台的监管范围内，如 ATM 机、自助售卖机等，以便服务人员能及时帮助老人。

门厅各功能区的设计要点①

入口区

▶ 门斗的设置形式

门斗主要分为正面进入式和侧面进入式两种形式。入口宜采用自动开启门和平开门，不宜采用旋转门。

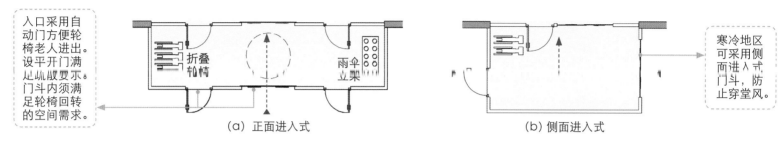

入口采用自动门方便轮椅老人进出。设平开门满足疏散要求。门斗内须满足轮椅回转的空间需求。

寒冷地区可采用侧面进入式门斗，防止穿堂风。

(a) 正面进入式   (b) 侧面进入式

图 1.1.12 门斗设置形式示意图

▶ 门斗自动门设计要点

自动门便于乘坐轮椅的老人进出使用，在设置时须注意以下要点：

1. 宜可快速开启、缓慢闭合。

2. 门扇宜部分透明，使内外视线连通。

3. 红外线感应区域不宜过大，避免人在经过时自动门频繁开启。

4. 双层门之间宜留出至少 1m 宽无感应区域，以便一道门关闭后，另一道门才会开启，保证隔风效果。

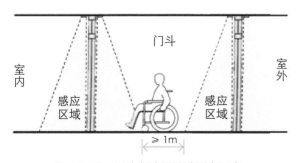

图 1.1.13 门斗自动门设计要点示意

> **TIPS 门斗空间的利用**
>
> 门斗内常会预留出放置雨伞、轮椅、助行器等出门常用物品的空间，以方便老人进出时取放。另外，我们在一些养老设施调研中看到，门斗内还设置了水池，方便了人们进门后洗手消毒，以及对宠物进行洗涤。
>
>
>
> 图 1.1.14 门斗设轮椅收纳   图 1.1.15 门斗设伞架和水池

门厅各功能区的设计要点②

服务台管理区

▶ **服务台的设置形式**

常见情况下，服务台的设置形式可分为以下三类：

① **结合值班室设置**

将值班管理与接待服务功能结合在一起设置，利于节省空间。

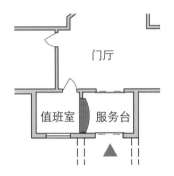

② **结合办公区设置**

将服务台的"后台"作为办公管理区，利于提高办公效率。

③ **独立设置**

服务台独立设置，更强调正式和美观。

▶ **服务台视线设计要点**

服务台的视线须尽量看到门厅及其周边的多个区域，以保障老人的安全和及时服务。一般而言，服务台视线最好能够看到以下区域（按一般情况下重要程度排序）：

① 主入口及落客区；

② 等候休息区；

③ 交通核；

④ 公共走廊；

⑤ 次入口；

⑥ 停车场；

⑦ 生活服务区（如信报箱、快递柜、ATM机等）；

⑧ 公共活动空间（如门厅周边的餐厅、多功能厅等）。

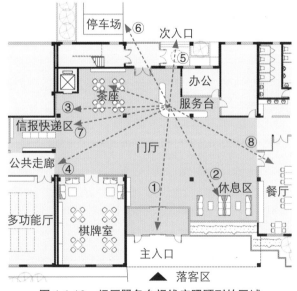

图 1.1.16　门厅服务台视线应照顾到的区域

门厅各功能区的设计要点③

等候休息区

▶ **等候休息区的位置选择要点**

调研观察到，养老设施中的老人常常喜欢坐在门厅向外观望来往的人流或与工作人员聊天。因此，门厅等候休息区的设计要充分考虑到老人的这一需求，为他们创造一个视线通透、相对安静、可以长坐的区域。在选择等候休息区的位置时须注意以下要点：

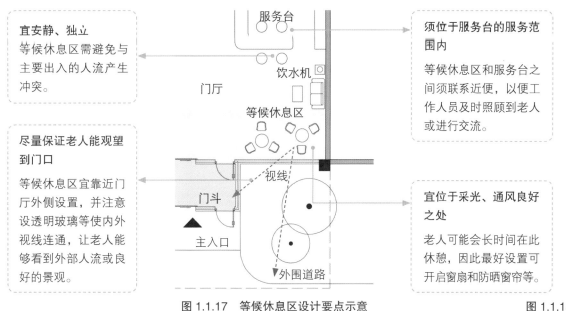

宜安静、独立
等候休息区需避免与主要出入的人流产生冲突。

尽量保证老人能观望到门口
等候休息区宜靠近门厅外侧设置，并注意设透明玻璃等使内外视线连通，让老人能够看到外部人流或良好的景观。

须位于服务台的服务范围内
等候休息区和服务台之间须联系近便，以便工作人员及时照顾到老人或进行交流。

宜位于采光、通风良好之处
老人可能会长时间在此休憩，因此最好设置可开启窗扇和防晒窗帘等。

图 1.1.17　等候休息区设计要点示意

图 1.1.18　等候休息区靠近庭院，朝向良好景观

TIPS　等候休息区可结合服务台设置为茶座、吧台座

右图案例中，门厅等候休息区与服务台结合设置为吧台座。老人在此休息、喝茶时，可与工作人员面对面交流，强化了亲切氛围，削弱了"被管理感"，并利于工作人员兼顾其他管理与服务工作，提高效率。

图 1.1.19　门厅休息区与服务台合设，温馨亲切

门厅各功能区的设计要点④

展示区

▶ 展示内容及形式

门厅是人们集散的必经之地。门厅中展示区设计得当，会引起话题、促进老人间交流，并提升老人自豪感，也会给外来人员、老人家属等留下良好的印象，起到宣传作用，因此在设计时须予以重视，预留好墙面和空间。门厅中一般需要展示的内容及其展示方式如下：

欢迎标语	设施宣传	老年用具	老人作品	信息知识	通知公告
在进入门厅后视线可及的显著位置留出挂横幅或LED屏的位置。	利用屏幕、展板等介绍设施概况、老人与员工信息、生活场景等。	设专门区域展示老年用品和辅具，或联合厂家进行展销。	利用墙面、展柜等展示、售卖老人的字画、手工作品、摄影作品等。	通过电视和宣传广告栏播放展示时事新闻、健康知识、广告信息。	用展板张贴公告等形式，通知老人设施近期活动、饮食安排和管理信息。

▶ 展示区常用设备及示例

展示区常用的设备家具包括展柜、展板、橱窗、横幅、电子屏、电视、广告栏、通知栏等。

▷ 在门厅设置电子屏显示欢迎标语

图 1.1.20　进门处的电子屏显示欢迎标语

▷ 在候梯厅设置电视、广告栏、宣传栏等

图 1.1.21　老人在候梯时观看宣传栏

▷ 利用墙面设置宣传栏

图 1.1.22　老人旅行的心得体验张贴在墙面宣传栏上

▷ 划分专门区域作为老年用品展示区

图 1.1.23　位于门厅一角的老年用品展示区

门厅各功能区的设计要点⑤

生活服务区

▶ 生活服务区可配置的设备

门厅中的生活服务区主要面向设施中的老人、亲属及外来宾客，提供休息等候、茶水供应、信件存取、商品售卖等空间，设计时应注意老人使用的便利性，营造轻松舒适的氛围。生活服务区常配置的设施设备包括：

| 信报箱 | 快递取物柜 | 售卖台
白助售卖机 | ATM 机 | 冰柜
冰箱 | 报刊书架 | 饮水机
咖啡机 | 公共电话 | 钟表
电视等 |

▶ 生活服务区的设计要点

售卖台可结合办公区或服务台设置，使工作人员在照看门厅时可以兼顾售卖。

书报架可与沙发、茶座区结合设置。

可结合等候、休息空间设置自助饮品区。

信报箱、快递柜宜设在老人通过的主要路径上，以方便使用，创造交流空间。

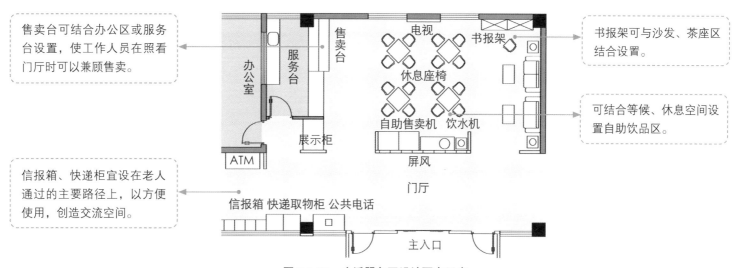

图 1.1.24　生活服务区设计要点示意

图 1.1.25　信报箱设置台面方便老人操作

图 1.1.26　服务台与售卖台结合设置

图 1.1.27　门厅内设置自助售卖机

门厅设计示例①

某住宅小区托老所门厅

▶ **某住宅小区托老所门厅平面设计分析**

本示例为某住宅小区托老所的门厅。该设施为一栋三层建筑,总建筑面积1028m²,可为小区内的退休职工提供日间活动、有偿午餐、简单护理和短期居住等服务。

该设施门厅设计考虑了多项服务功能,配置了较多的设施设备,空间亲切、紧凑,服务台有很好的视线,与多功能厅、餐厅等公共空间联系近便。

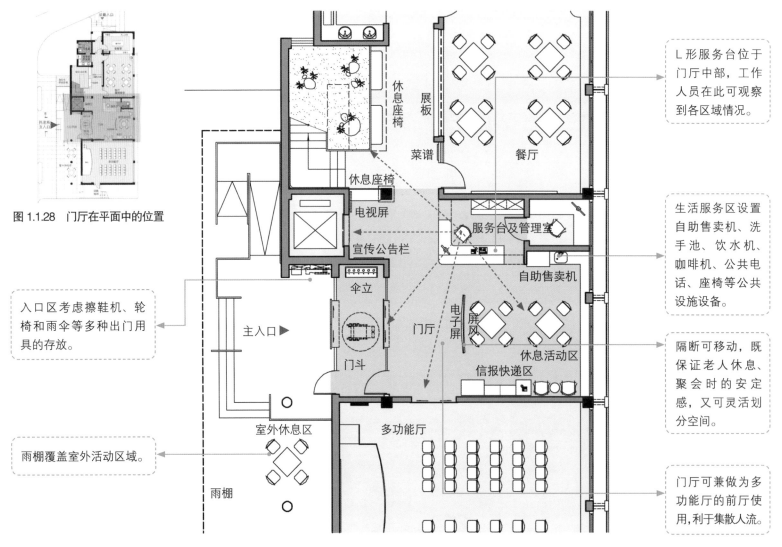

图1.1.28　门厅在平面中的位置

L形服务台位于门厅中部,工作人员在此可观察到各区域情况。

生活服务区设置自助售卖机、洗手池、饮水机、咖啡机、公共电话、座椅等公共设施设备。

入口区考虑擦鞋机、轮椅和雨伞等多种出门用具的存放。

隔断可移动,既保证老人休息、聚会时的安定感,又可灵活划分空间。

雨棚覆盖室外活动区域。

门厅可兼做为多功能厅的前厅使用,利于集散人流。

图1.1.29　某住宅小区托老所门厅平面设计分析

门厅设计示例②

北方某福利院门厅

▶ **北方某福利院门厅平面设计分析**

本示例为北方某福利院的门厅，位于楼栋中部，空间配置丰富，布局紧凑，容纳了多项功能。

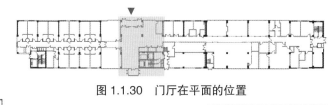

图 1.1.30 门厅在平面的位置

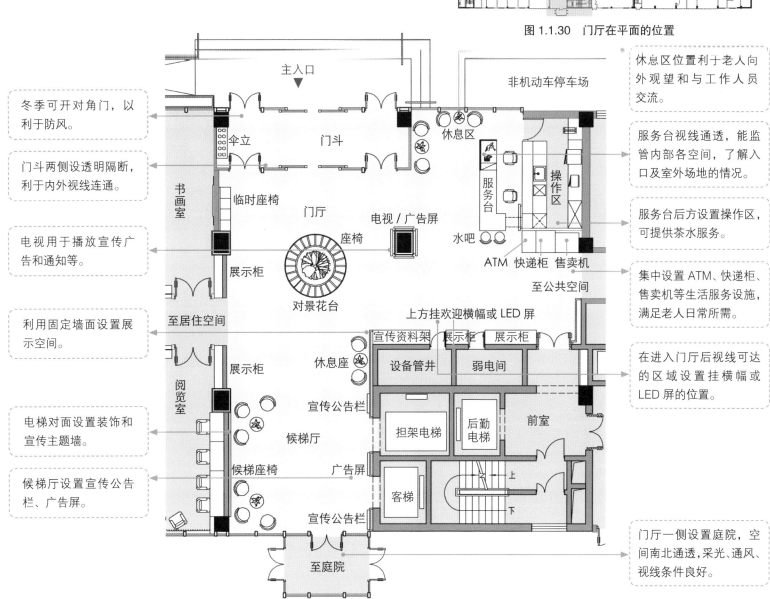

冬季可开对角门，以利于防风。

门斗两侧设透明隔断，利于内外视线连通。

电视用于播放宣传广告和通知等。

利用固定墙面设置展示空间。

电梯对面设置装饰和宣传主题墙。

候梯厅设置宣传公告栏、广告屏。

休息区位置利于老人向外观望和与工作人员交流。

服务台视线通透，能监管内部各空间，了解入口及室外场地的情况。

服务台后方设置操作区，可提供茶水服务。

集中设置 ATM、快递柜、售卖机等生活服务设施，满足老人日常所需。

在进入门厅后视线可达的区域设置挂横幅或 LED 屏的位置。

门厅一侧设置庭院，空间南北通透，采光、通风、视线条件良好。

图 1.1.31 北方某福利院门厅平面设计分析

第 2 节
公共走廊

公共走廊的设计理念

▶ **公共走廊兼具多种功能**

▷ **公共走廊可灵活设计为老人的活动空间**

公共走廊如果仅定位于交通空间，则有可能造成功能单一、空间形式乏味、利用率不高等问题。其实走廊本身也是养老设施中的公共场所，在条件允许时，可适当融合一些功能，灵活满足老人的多种需求。比如图 1.2.1 所示案例，将走廊设计为回游形，并使一端放大，放大处形成了较为宽敞、自由的活动空间，起到了公共起居厅的作用。

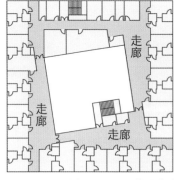

图 1.2.1　回游形走廊局部放大，作为公共起居厅

▷ **公共走廊可设置适宜的休憩、交流空间**

公共走廊是老人经常停留观望、相遇聊天的地方，可设置适宜的座椅供老人休憩、交流。座椅可选择布置在走廊的转角或交汇处等"交通要道"上，也可利用走廊的局部放大空间或飘窗空间进行设置。

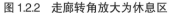

图 1.2.2　走廊转角放大为休息区　　图 1.2.3　走廊一侧窗台设为休息座

▷ **公共走廊可作为老人的锻炼空间**

养老设施中有些老人因身体原因，不便于外出活动，或在雨雪天气时，需要在室内进行锻炼。在这种情况下，公共走廊往往会成为老人进行散步或其他活动的空间。如果公共走廊能够形成回路，则会更好地适应这一需求。

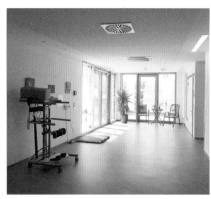

图 1.2.4　老人在走廊锻炼行走　　图 1.2.5　走廊放宽，放置健身器材

公共走廊的宽度要求

▶ 公共走廊净宽要求

公共走廊的净宽需至少达到 1.8m，这样可较好地满足两辆轮椅交错通行或老人在他人搀扶下的通行宽度。

公共走廊的净宽应按照扶手等凸出物之间的尺寸计算。因此净宽不小于1.8m时，走廊两侧墙体内表面之间的距离一般不应小于2.0m。双侧布置房间的公共走廊连接的房间数量较多，使用人数也较多，因此走廊的宽度宜适当增加，可考虑对居室门前空间进行局部放大。

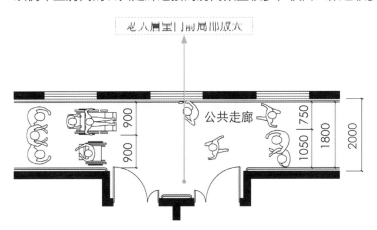

图 1.2.6 单侧布置房间的公共走廊通行宽度示意图

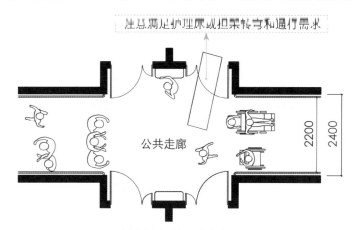

图 1.2.7 双侧布置房间的公共走廊通行宽度示意图

▶ 护理型养老设施公共走廊宽度宜适当增加

护理型养老设施中，老人使用的助行工具越来越多样，部分电动助行工具，包括未来智能化机器人的投入使用都会对走廊宽度提出更高要求，此外，走廊还须考虑护理床在紧急情况下的通行要求。因此护理型养老设施走廊的宽度相较于健康型养老设施宜适当增加。

图 1.2.8 部分老人助行器械尺寸较大，对走廊的宽度要求高

▶ 改造项目公共走廊可在进门处加宽

在旧建筑改造而成的设施中，原走廊宽度可能无法达到规范要求，且因为结构等原因难以全面扩宽。这种情况下，可考虑在走廊的关键部位（如居室门前、公共空间门前等）进行局部放大，来满足轮椅转圈、担架床转弯的空间需求。

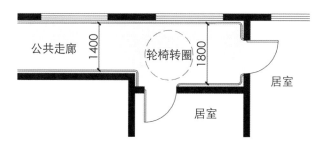

图 1.2.9 走廊在入户门前局部加宽满足轮椅等回转需求

公共走廊的高度要求

▶ **公共走廊剖面设计分析**

由于走廊上方需要铺设各类管线，因此走廊往往是整个养老设施中高度最为紧张的空间，须综合考虑梁、管线、地面铺装等多种因素进行设计。

给水、冷媒 喷淋 强、弱
热水管 水管 水管 电桥架

为满足各类管线的铺设需求，吊顶上方至少需要600mm 高的空间。若采用中央空调或对吊顶做造型处理，则吊顶上方空间还需进一步加高。

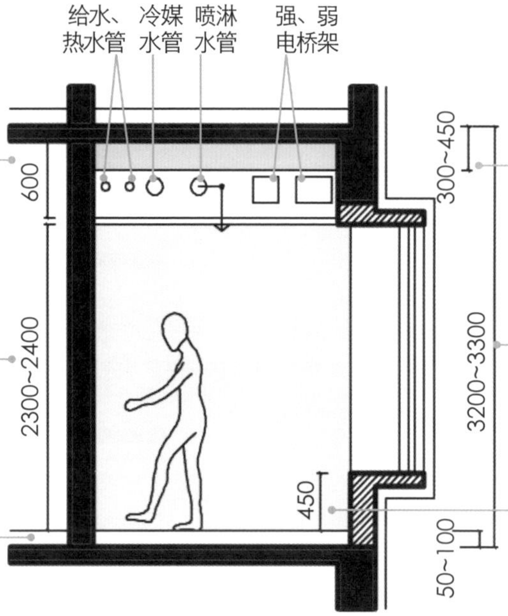

次梁高一般为 300~450mm，它关系到梁下可以走管线的空间高度。当走廊净高不足时，可考虑增加柱子或减少柱距来压缩梁高。

为了避免压抑，保证良好的视觉效果和采光通风量，走廊净高宜在 2300mm 以上。

吊顶中若无须设置中央空调的风道，层高一般为 3200~3300mm 较为适宜；若设有风道，层高则需达到 3400~3500mm。

地面铺装层一般为 50~100mm。若铺设地暖或采用特殊的地面材料，则铺装层高度还须适当增加。

飘窗窗台设在距地 450mm 左右的高度可当座凳使用。

图 1.2.10 公共走廊剖面设计示意图

若走廊净高低于 2.3m，容易使人产生空间压抑的不良感受。

净高较高的走廊能够给老人带来宽敞舒适的空间感受，并利于采光通风。

走廊吊顶可采用适当的造型，以丰富空间形式，使之具有美感。

图 1.2.11 净高较低的公共走廊示意

图 1.2.12 净高较高的公共走廊示意

图 1.2.13 公共走廊吊顶与吊灯结合设置

公共走廊的采光通风设计

▶ 避免设置过长的公共走廊，注意加强采光通风设计

对于公共走廊而言，良好的采光通风有助于节约照明和空调能耗，有效地排散室内气味，保持空气新鲜，使老人身心健康愉悦。

根据调研和实践经验得知，若走廊两侧连续设置房间长度超过 20m 且没有直接的采光通风条件，包括图中所示走廊一侧均为常闭门的公共卫生间、楼梯间等，就会出现光线昏暗和通风不良的情况。

对于内走廊，每隔一段距离宜设置开敞的或可以常开门的公共空间，如公共起居厅、康复训练室、活动室等，以利于自然采光、通风。

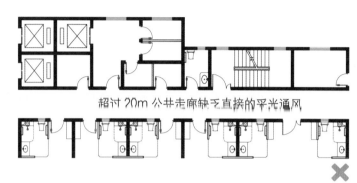

超过 20m 公共走廊缺乏直接的采光通风

图 1.2.14 某设施公共走廊较长，采光通风不足

▶ 公共走廊采光通风设计手法示例

1. 在走廊端部设置窗户

走廊端部设置窗户可使走廊有较好的视野，利于走廊内部采光通风。端部窗为东西向时需注意防止阳光斜照在地面上产生眩光，须采取必要的遮阳措施。

图 1.2.15 走廊端部开窗，形成休息角

2. 在走廊顶部设置天窗

若公共走廊上部无其他空间，可以考虑设置天窗进行采光。

图 1.2.16 顶层走廊设置天窗

3. 将开启扇对向入户门

将走廊窗户的开启扇对向居室门设置，利于居室和走廊形成对流通风。

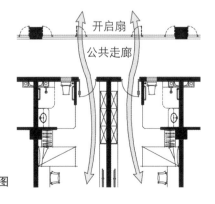

图 1.2.17 开启扇对向居室门通风示意图

4. 设置内天井

当内走廊采光通风不良时，可以考虑设置内天井，来补充进光量和通风量。

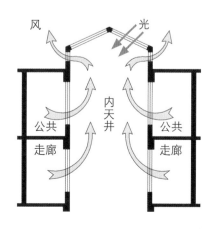

图 1.2.18 设置内天井示意图

21

公共走廊的局部放大设计

▶ **公共走廊局部放大为活动或休息空间**

公共走廊局部放大，可以营造出多样化、小型化的活动或休息空间，还可以避免走廊过长过直给人带来的单调感，增加养老设施内空间造型的丰富性和使用功能的灵活性。

图 1.2.19　公共走廊局部放大，设置休息座

▶ **公共走廊局部放大为入户专属空间**

公共走廊在老人居室门前可适当扩大，并设休息座椅、置物台等，营造入户专属空间。这既能为进入居室提供一定的缓冲空间，又避免了居室门外开对走廊造成的干扰。老人还可根据自己的喜好对这里进行布置，如张贴照片、摆放花卉等，增强每个居室的识别性和走廊的趣味性。

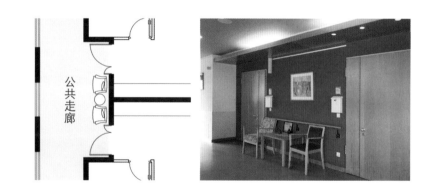

图 1.2.20　通过空间、色彩、灯光营造入户特色空间

TIPS　走廊转角可做切角处理，以利于视线通透

公共走廊在转角的地方容易发生碰撞，可考虑在转角处局部凹入或做切角处理，使人在转弯时能更好地看到转角侧面的情况，也可使轮椅通行更便捷。

图 1.2.21　公共走廊转角局部凹入或切角

公共走廊的空间界面设计

▶ 通过地面铺装进行方向引导与空间界定

公共走廊的地面材料须防滑、耐磨、防眩光，避免色彩过花引起老人眩晕，分不清高差。此外，还须注意防止地毯卷曲或材料交接处出现高差绊倒老人。

公共走廊地面可利用色彩和图案的设计进行方向引导和空间界定。

图 1.2.22　走廊地面产生眩光　　图 1.2.23　走廊地面图案密集　　图 1.2.24　走廊地面具有引导性

▶ 通过设置壁龛进行展示

走廊中的展示空间十分重要，可张贴老人生活场景照片、宣传广告等，也可用于装饰、摆放艺术品或纪念品，提升空间品质。如图 1.2.25 所示，走廊中设置壁龛进行展示，丰富了走廊界面。

图 1.2.25　公共走廊设置壁龛置物

▶ 通过设置窗洞保持视线通透

走廊与一些公共空间之间可设置必要的窗洞，来保持视线的通透，方便护理人员在进行其他工作时照看到老人，并利于内部空间的采光通风。

图 1.2.26　公共走廊与公共起居厅之间设置窗洞口

TIPS　公共走廊的情景化设计

公共走廊可考虑生动、活泼的情景化设计，以增加养老设施的空间趣味。图中走廊室外化的情景设计，有助于外出活动不便的老人舒缓身心。另外，将不同楼层设计为不同的情景，有助于老人识别楼层。

图 1.2.27　日本养老设施公共走廊设置的室外化情景

公共走廊的细节设计

▶ **防撞板**

为防止轮椅将墙面撞坏，走廊侧壁应设至少350mm高的防撞板（图 1.1.28）。

防撞板可采用多种形式，由地面卷材卷起，或与木墙裙结合设置（图 1.1.29）。

防撞板常用的材料类型包括木材、PVC卷材、金属等（图 1.2.30）。

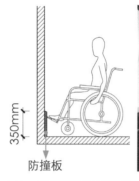

350mm

防撞板

图 1.2.28　防撞板设置示意图

图 1.2.29　利用木墙裙防护墙体

图 1.2.30　PVC防撞板与壁纸结合

▶ **扶手**

考虑到双向通行和偏瘫患者只能有一侧肢体用力的情况，走廊两侧最好都设置扶手。当受到走廊宽度不足、走廊一侧门过多等条件限制时，也须至少保证一侧设置扶手。扶手须尽量在管井门、落地窗等处保持连续性，以保证老人通行的安全和便捷。走廊扶手一般不必分上下双层设置，设置一根高度在750~850mm之间的扶手即可。

扶手须手感舒适、连接牢固，截面尺寸便于手掌按压抓握。扶手距墙面的距离应适中，过小有碍手的插握，过大则占用通行净宽。

扶手端部应采取向墙壁或下方弯曲的设计，以防止老人使用时衣袖或提包带被勾住而挂倒。

图 1.2.31　走廊扶手在管井门、落地窗处保持连续

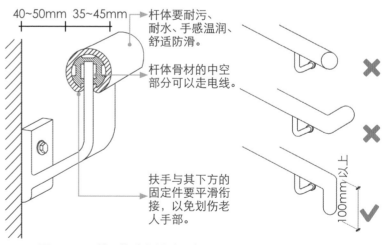

40~50mm　35~45mm → 杆体要耐污、耐水、手感温润、舒适防滑。

杆体骨材的中空部分可以走电线。

扶手与其下方的固定件要平滑衔接，以免划伤老人手部。

100mm以上

图 1.2.32　扶手构造和材质要点　　图 1.2.33　扶手端部正误比较

▶ 防火门

在调研中发现，为防止烟气从门下通过，部分养老设施在公共走廊的防火门下部设置了门槛，给老人每天的通行带来绊倒的危险。此外，也常出现因沉降缝、伸缩缝等处理不当造成的高差问题。

国外养老设施防火门的设计很注重保证通行的畅通和安全，值得我国学习。如日本的养老设施，公共走廊的防火门平时紧贴墙壁，且地面无高差，不会影响正常通行和空间美观，火灾时会自动关闭。

图 1.2.34　国内有的养老设施防火门下部门槛不利通行

图 1.2.35　日本养老设施防火门紧贴墙壁，不影响走廊的通行

▶ 消防设备

通常养老设施的公共走廊中会设置灭火器、消火栓等消防设备。设置时须注意设备不要过于突出走廊墙面，以免发生磕碰，影响走廊的正常通行。

日本养老设施中灭火器、消火栓常会采用半入墙或全入墙设置，以保证扶手连续、避免影响走廊通行。

▶ 插座

走廊中每隔一段距离宜设置插座，以便维修和使用吸尘器、电风扇（为了迅速吹干地面）等电器。

图 1.2.36　消防设备突出墙面影响通行

图 1.2.37　日本养老设施灭火器半入墙设置

图 1.2.38　走廊设置插座

第 3 节
楼梯间与电梯间

楼梯、电梯的分类与要求

养老设施中的电梯根据使用对象不同可分为四类：客梯、餐梯、货梯、污梯。

楼梯大致可分为两类：主要楼梯及次要楼梯。主要楼梯为日常用楼梯，不作消防楼梯时可开敞；次要楼梯主要用做消防楼梯，也可兼做工作人员日常使用的楼梯。

▶ 电梯的分类与要求

1. 客用电梯

- 承担大部分人流的垂直运输，是养老设施中的主要电梯

- 包括无障碍电梯、医用电梯、可容纳担架电梯三类

- 使用对象为老人、家属、工作人员、参观人员等

- 垂直方向上临近各层主走廊及公共空间

- 考虑到老人的身体条件，电梯运行速度不宜过快

2. 送餐电梯

- 主要用于从厨房到餐厅的餐食运送

- 包括不上人食梯和上人餐梯两类

- 使用对象为工作人员

- 垂直方向上临近厨房及各层餐厅、公共起居厅

- 可与客用电梯合设

3. 货物电梯 & 污物电梯

- 货物电梯用于运送家具设备、被服等货物；污物电梯用于运送生活垃圾、医疗垃圾等污物

- 使用对象为工作人员

- 垂直方向上临近后勤空间如库房、洗衣房等，宜有近便出入口，方便及时运送

- 货物电梯与污物电梯可合设

▶ 楼梯的分类与要求

1. 主要楼梯

- 一般用于老人日常生活及锻炼

- 不作消防楼梯时一般设置为开敞楼梯

- 使用对象为老人、家属、参观人员等

- 垂直方向上连接各层公共空间

- 一般设置成缓坡楼梯，须设双向扶手及安全标识等

- 常设于一层到二层的公共空间，作为主交通楼梯，须兼顾美观

2. 次要楼梯

- 一般用作消防疏散，为封闭楼梯，也可兼做员工楼梯

- 使用对象一般为工作人员，火灾避难时为所有人使用

- 位置选择应考虑疏散距离，符合消防规范，首层应临近紧急出口

- 须注意踏步、扶手等的安全性设计

- 装修可适当从简

> **注意事项**
>
> 送餐电梯与污物电梯不能共用，须保证洁污分离。

楼梯、电梯的常见设计错误

▶ 位置选择不合理

楼梯、电梯是养老设施中重要的交通空间,承担主要的垂直交通功能。实际调研中发现,很多养老设施的楼梯、电梯位置选择不合理,给使用带来不便。例如进入门厅后无法近便地找到公共电梯,污梯与餐梯设置在一起,餐梯与餐厅距离太远,餐食运送须经过室外等。

▶ 楼梯电梯组合形式不当

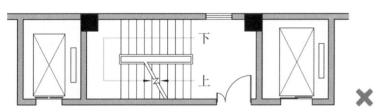

图 1.3.1 多部电梯分散布置（如置于楼梯两侧）,不利于老人候梯时观察电梯的运行状况,无法及时乘坐先到的电梯,可能因着急而摔倒等

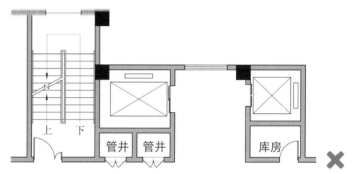

图 1.3.2 两部电梯面对面布置,老人在等候时需要转身回头来确认电梯状态,可能会扭伤甚至跌倒

▶ 楼梯设计安全性考虑不足

楼梯铺设地毯,踏步与地毯之间未完全贴合,老人容易踩空、滑倒。

踏步起始段扶手未延长,老人容易前倾摔倒。

踏步前缘未做色彩材质区分,使踏步间分界不清晰,导致老人不敢上下楼梯。

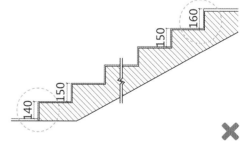

梯段起止处踏步高度因装修材料变化等原因与中间的标准踏步高度不一致,易导致老人摔倒。

图 1.3.3 养老设施楼梯设计的常见问题

楼梯、电梯布置的基本原则

电梯是养老设施中老人最常用的垂直运输工具，设计时应优先考虑其位置；楼梯的布置则应考虑消防疏散要求。成组布置的楼梯、电梯组合称为交通核。楼梯、电梯的布置原则主要有以下几点：

▶ 数量合理

- 楼梯、电梯的数量应根据平面分区，不同功能需求及消防规范对疏散距离的要求等合理布置。

- 一般来说，中小型的养老设施布置 2~4 部电梯基本可满足使用需求，但应包含客梯、污梯等不同类别。

▶ 布置成组

- 楼梯、电梯可作为交通核成组布置，便于更好地组织人流、物流，对房间布置及日后建筑改造也有益。

- 交通核周边应考虑留出设备管井的空间。

▶ 位置就近

- 楼梯、电梯的位置须考虑在横向、竖向尽量连接各主要功能空间，如门厅、各层活动厅等，以缩短人流动线。

- 服务用楼梯、电梯应就近布置在对应的功能空间，例如，餐梯临近餐厨空间，污梯临近污物间等。

▶ 合理利用不利朝向

- 楼梯、电梯可尽量布置在北向、东西向、建筑凹角等位置，以将南向等采光良好的空间让给居住和活动空间。

- 设计时须尽量保证楼梯间、电梯间具备自然通风采光条件。

图例：■ 楼电梯组合
　　　■ 仅楼梯

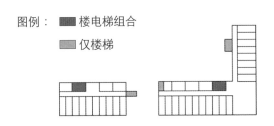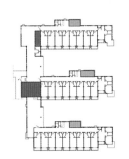

图 1.3.4　交通核在平面中的常见位置

▶ 针对不同客群分区设置

- 不同客群如健康老人与护理老人对楼梯、电梯的使用需求存在差异，具体体现在电梯类型、使用时间和使用频率等方面，设计时可分区独立设置，以实现分区管理(图 1.3.5)。

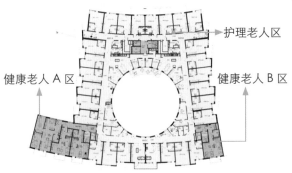

图例：
■ 交通核
■ 健康老人生活区
□ 护理老人生活区

护理老人区
健康老人 A 区
健康老人 B 区

图 1.3.5
国外某养老设施为不同的分区单独设置了交通核

交通核设计要点

▶ **交通核设计要点**

▷ **主交通核**

电梯

两台电梯临近布置，其联动有利于节约老人的等候时间，也可满足多人同时乘坐的需求（电梯类型配置要求见下页）。

楼梯

楼梯、电梯接近布置，便于组织人流。乘坐电梯的人较多时，工作人员、参观人员可以使用楼梯。

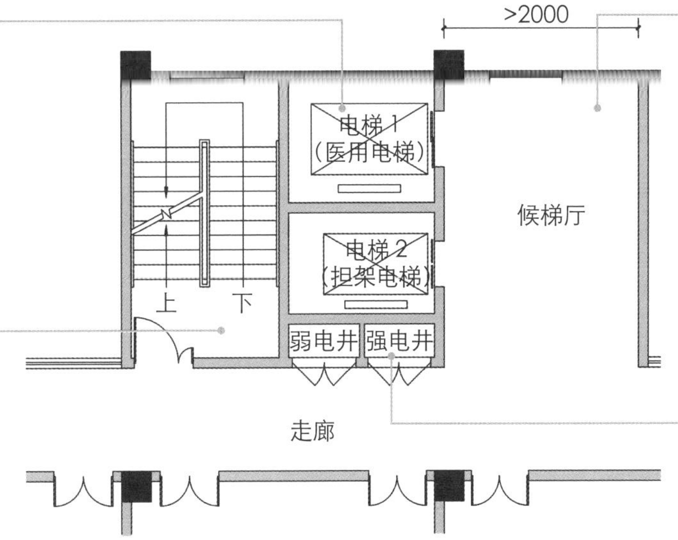

电梯厅

为满足轮椅及担架通行及回转的需求，电梯厅深度一般大于 2000mm，多台电梯单侧排列时电梯厅深度不应小于最大轿厢深度的 1.5 倍，并宜有自然采光及通风。

管井

考虑预留集中管井所需的空间。

图 1.3.6　主交通核平面布置

▷ **其他交通核**

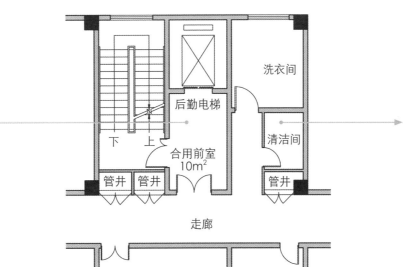

消防前室

消防楼梯及电梯可共用前室，并应封闭。当两者前室合用时，面积不小于 10m²。

后勤用房

后勤电梯附近通常设有清洁间、洗衣间等后勤用房，以缩短工作流线。

图 1.3.7　其他交通核平面布置

客用电梯的配置与尺寸要求

▶ 养老设施的电梯配置建议

· 养老设施中，当二层及以上楼层设有老年人用房（如生活用房、公共活动用房、康复与医疗用房等）时，应设置供老年人使用的**无障碍电梯**[1]，其中至少一台为**可容纳担架电梯**，有条件的情况下也可设**医用电梯**。

· 电梯的配置数量应按照养老设施的服务规模计算确定，通常情况下，当二层及以上楼层床位数量累计超过 120 床或 2 个照料单元时，电梯数量不得少于 2 台。

· 电梯的位置选择应综合考虑照料单元和建筑出入口的位置，均衡设置。

▶ 可容纳担架电梯的尺寸要求

据研究，小型铲式担架的尺寸为 450mm×1850mm，四角斜切，比常规的担架尺寸小，能容纳该担架及相关护理人员的轿厢尺寸应不小于 1500mm×1600mm，见图 1.3.8（a）所示方形电梯。另外，根据电梯行业标准，常用可容纳担架电梯的轿厢尺寸为 1100mm×2100mm，见图 1.3.8（b）所示长形电梯。

▶ 医用电梯的尺寸要求

目前市场上常见的护理床尺寸一般在 900mm×2000mm 左右。考虑容纳护理床及护理人员的空间，常见的医用轿厢尺寸为 1400mm×2400mm，且门宽宜不小于 1100mm。

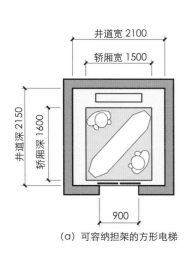

（a）可容纳担架的方形电梯

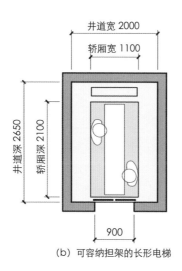

（b）可容纳担架的长形电梯

图 1.3.8　可容纳担架电梯的平面尺寸示意图

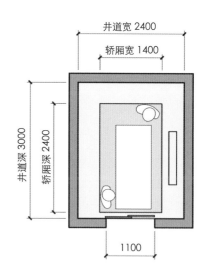

图 1.3.9　医用电梯的平面尺寸示意图

1　无障碍电梯是指符合无障碍设计要求的电梯。医用电梯及可容纳担架电梯均须满足无障碍设计要求。

电梯的无障碍设计要求

▶ **电梯的无障碍设计要点**

操作面板

应布置低位操作面板，距 地 900~1200mm，并置于电梯厅中部，方便轮椅老人操作，按键要醒目清晰。

扶手

沿轿厢周边可设距 地 850mm 的扶手。但不要过于突出，以免占用过多空间。

镜子

设置安全镜（也可利用反射效果好、不易碎裂的不锈钢材料），方便轮椅老人退出时观察后方，镜子下沿距地 500mm，以防轮椅撞击。

灯光及语音提示

通过灯光闪烁及语音播报等方式提示老人电梯当前的运行状况及所在楼层。

图 1.3.10　轿厢无障碍设计要点示意图

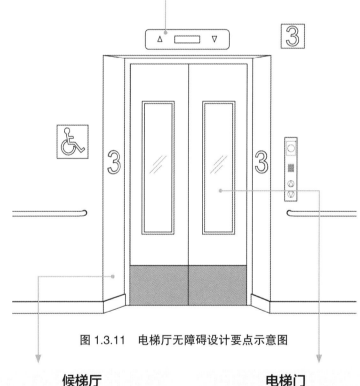

图 1.3.11　电梯厅无障碍设计要点示意图

广告屏

可布置广告栏等，让老人了解公告、外部信息。

防撞板

距地 350mm 设置防撞板避免轮椅脚踏板对轿厢底部的磕碰。

候梯厅

电梯口不宜过深，宜向外切角，形成"八"字形，方便上下人群出入，及获得良好视线。

电梯门

电梯门上如有条件宜设玻璃窗，以便老人进出前能够观察到电梯内外的情况。

为便于轮椅和担架床出入，电梯门净宽应大于 900mm。

候梯厅的设计要点

电梯候梯厅是电梯前的等候缓冲空间，应留有充足空间并保证人流畅通。

候梯厅的设计应考虑等候休憩、通风采光、获取信息、认清标识等方面的要求。

▶ 候梯厅的设计要点

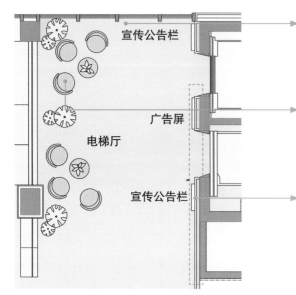

图 1.3.12　候梯厅设计分析图

应有自然采光

候梯厅常是老人自然相遇、谈话交流的主要公共场所，为了提高空间的舒适度，候梯厅宜有自然通风采光。

宜在合适的位置设置座椅

应设置座椅供老人等候电梯时休息。座椅须位于能看到电梯且就近电梯的位置，同时应确保电梯厅宽度，不影响正常通行。

设置壁挂电视、广告屏等

用于广告宣传，张贴通知、布告等，帮助老人及时了解养老设施内外的信息。

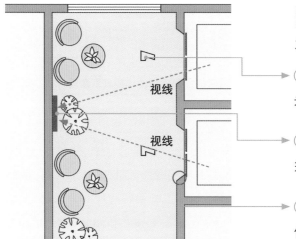

图 1.3.13　候梯厅标识设计分析图

宜有明确的楼层标识

为帮助老人判断自己所在的楼层及目标楼层，可在以下三个位置设置标识：

① **电梯出门的地面上**

老人出电梯门时，视线主要落在电梯门外的地面上，宜在此处设置楼层标识。

② **电梯对面的墙上**

须位于电梯开门后，每个电梯内均可看到的墙面上。

③ **电梯门两侧的侧壁上**

便于老人在电梯门打开时从近处看到楼层标识，及时作出判断。

后勤电梯的尺寸要求

▶ 送餐电梯的尺寸要求

- 送餐电梯包括不上人食梯及上人餐梯。

- 不上人食梯的常见轿厢尺寸为 800mm×700mm，相应的井道尺寸为 1500mm×1000mm（图 1.3.14）。

- 上人餐梯的轿厢大小须保证能够容纳护理人员与餐车，餐梯大小与餐车大小应配套。调研发现，为提高运送效率，餐梯有时会容纳两位护理人员及两辆餐车，此时餐梯轿厢尺寸应适当增大，可参考图 1.3.15。日本一些养老设施常常直接使用轿厢尺寸较大的医用电梯运送大型保温餐车（图 1.3.16）。

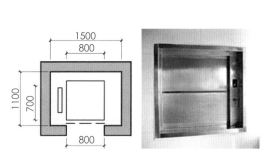

图 1.3.14　食梯常见轿厢尺寸

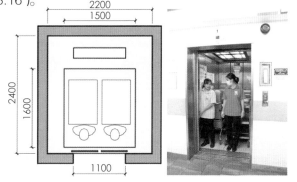

图 1.3.15　容纳两辆餐车及送餐人员的餐梯轿厢尺寸

图 1.3.16　日本大型保温餐车

▶ 货物电梯&污物电梯的尺寸要求

- 货物电梯（污物电梯）分为不上人货（污）梯及上人货（污）梯。医疗用的污物电梯须单独设立。

- 不上人货（污）梯的额定载重量可分几档，例如 40kg、100kg 及 250kg。一般轿厢最小尺寸为 600mm×600mm，额定载重量为 40kg，最大尺寸为 1000mm×1000mm，额定载重量为 250kg[1]（图 1.3.17、图 1.3.18）。

- 上人货（污）梯的轿厢尺寸可以为 1100mm×1400mm（图 1.3.19），与普通电梯的尺寸类似。

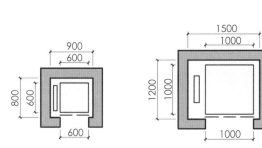

图 1.3.17　不上人货（污）梯最小及最大尺寸

图 1.3.18　不上人污梯

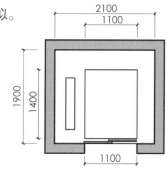

图 1.3.19　上人货（污）梯常见尺寸

1　中国建筑标准设计研究院.国家建筑标准设计图集（13J404）电梯　自动扶梯　自动人行道[M].北京：中国计划出版社，2013.

后勤电梯的配置与设计要求

▶ 餐梯、污梯不能共用，须做到洁污分离

后勤电梯须根据餐厅、组团公共起居厅等公共空间和厨房、污物处理室等后勤服务空间的位置合理布置。通常情况下，在标准层中，餐梯位于餐厅、活动厅附近，污梯则临近后勤服务空间。

餐梯与污梯须相互分离，以避免食物流线和污物流线交叉。可将两者相邻布置（图1.3.20），分别设置独立的电梯厅。

餐梯前方须考虑餐车的转弯半径，为推送餐车预留空间（见图1.3.21）。

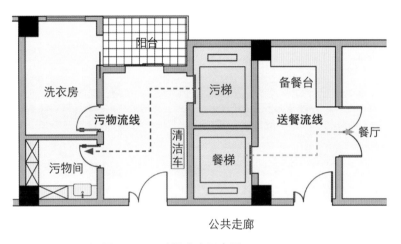

图1.3.20 洁污分离示意图

图1.3.21 餐梯前预留餐车回转空间

▶ 污梯须适当隐蔽，宜有近便出入口

污梯须避开主要人流视线设置，以防止老人误入。

污物的运送不宜经过主要活动空间，因此须考虑污物到达首层或地下层后有独立近便的出入口，以方便及时送出。

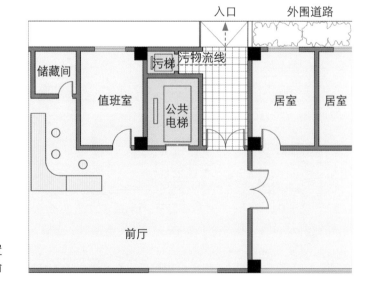

图1.3.22 污梯（不上人）设置在公共电梯的背后，离开主动线，并且设置在建筑外侧，靠近外围道路，方便污物到达首层后直接向外运输

楼梯的尺寸要求

▶ **楼梯梯段的尺寸要求**

养老设施的主要楼梯梯段净宽应不小于 1500mm，其他楼梯通行的净宽应不小于 1200mm。

楼梯梯段的通行净宽须从扶手内侧算起。因此布置双向扶手时，梯段宽度应适当加宽。楼梯平台净宽不应小于楼梯梯段宽度，且不得小于 1200mm。

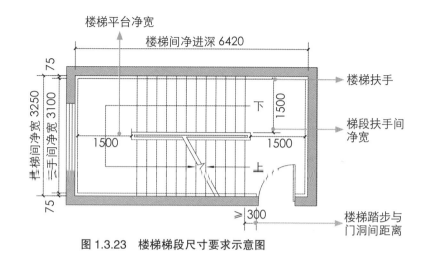

图 1.3.23　楼梯梯段尺寸要求示意图

▶ **楼梯踏步的尺寸要求**

养老设施的楼梯踏步应满足无障碍设计的要求，**踏步宽度不应小于 280mm，踏步高度不应大于 160mm**。在有条件的情况下，可做成缓坡楼梯，**缓坡楼梯踏面宽度宜为 320~330mm，踢面高度宜为 120~130mm**。

值得注意的是，无障碍楼梯及缓坡楼梯在进深方向尺寸不同。图 1.3.24 和图 1.3.25 为在层高 3.3m 的养老设施中，将楼梯踏步分别按照无障碍楼梯和缓坡楼梯要求进行设计时的楼梯长度对比图及注意事项。

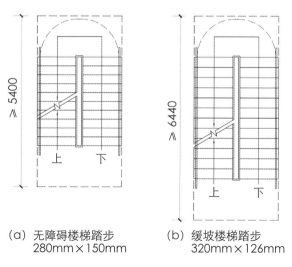

（a）无障碍楼梯踏步
280mm×150mm

（b）缓坡楼梯踏步
320mm×126mm

图 1.3.24　不同踏步尺寸的楼梯长度对比图

注意事项

缓坡楼梯的楼梯间尺寸比无障碍楼梯间大，在同一柱网体系中，一般楼梯间用无障碍楼梯，而主楼梯用缓坡楼梯，此时主楼梯间可能出现与柱网不吻合的情况，应事先考虑，做好处理。

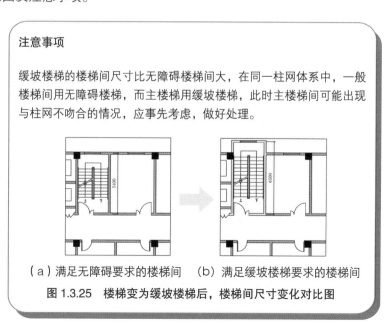

（a）满足无障碍要求的楼梯间　　（b）满足缓坡楼梯要求的楼梯间

图 1.3.25　楼梯变为缓坡楼梯后，楼梯间尺寸变化对比图

楼梯的设计形式

▶ 楼梯的形式及注意事项

楼梯的形式应保证老人上下楼梯时的安全，设计时应注意踏步、扶手、休息平台及梯段标识等细节。

踏步较窄时，易造成踩空摔倒等事故，不宜使用。
图 1.3.26　不宜采用弧形楼梯

老人腿脚行动不便，楼梯过陡，不便于使用。
图 1.3.27　楼梯不宜过陡

容易使老人产生恐高、眩晕感，存在跌落的危险。
图 1.3.28　楼梯梯井不应过大

转折处踏步内侧面积较小，老人容易踏空跌倒。
图 1.3.29　不宜在休息平台上设置踏步

▷ 开敞楼梯间形式及注意事项

一般在主门厅中，常采用开敞式主楼梯连接二层公共空间，使用方便、形式醒目，具有装饰性。

图 1.3.30　装饰性与实用性兼顾的公共楼梯方便老人用来锻炼身体

▷ 封闭楼梯间形式及注意事项

封闭楼梯间除满足消防规范及尺寸要求外，还应注意安全性设计，特别要注意防止失智老人误入、走失等问题发生。

失智老人易进入，独自一人时易走失，存在危险。
图 1.3.31　后勤楼梯间不应透明化

楼梯间入口

通过贴纸、装饰等手段将后勤及消防楼梯间入口做隐蔽处理，防止失智老人进入。
图 1.3.32　楼梯间宜隐蔽处理

楼梯的细节设计要点

▶ **梯段起止处宜设有提示**

图 1.3.33 踏步起止处通过更换地砖颜色进行提示

▶ **轮椅可能接近的梯段，可设置立杆防止轮椅跌落**

图 1.3.34 梯段与楼梯平台交接处设置立杆防止轮椅跌落

▶ **楼梯的踏步前缘处理应易于识别且不易磕绊**

楼梯踏步前缘应有防滑处理，防滑条的突出高度应在 3mm 之内。

当踏步前缘有前凸时，前凸不宜大于 10mm。

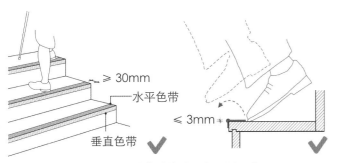

图 1.3.35 踏步前缘防滑条设置示意图

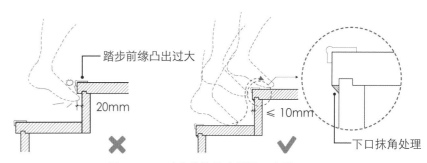

图 1.3.36 踏步前缘凸出设置示意图

楼梯、电梯设计案例

▶ 养老设施的楼梯、电梯平面布置示例[1]

仅设置疏散楼梯

该区域一层为日托中心及医疗中心等对外开放的功能空间，二层为对内居住部分，因此此处未设置电梯，仅布置楼梯以满足消防疏散要求，同时供工作人员内部通行使用。

后勤电梯位置隐蔽，有直接对外出口

后勤电梯在首层，且有直接对外的出入口，方便货物等运送。

餐梯兼做客梯

临近餐厅及多功能厅布置电梯，用于餐食运送及人流疏散，分时段使用，功能二合一，提高电梯的使用效率。

主交通核联动布置

主要交通核临近主入口，利用门厅空间作为电梯厅，便于疏散人流，楼梯、电梯成组布置，提高使用效率。

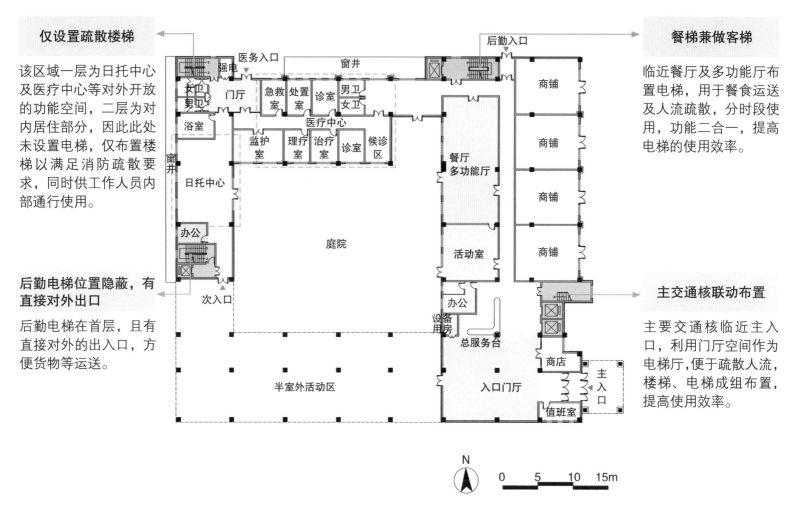

图 1.3.37　某养老设施一层平面图

1　该养老设施的楼梯、电梯竖向布局见下页。

▶ **养老设施的楼梯、电梯竖向布局示例**

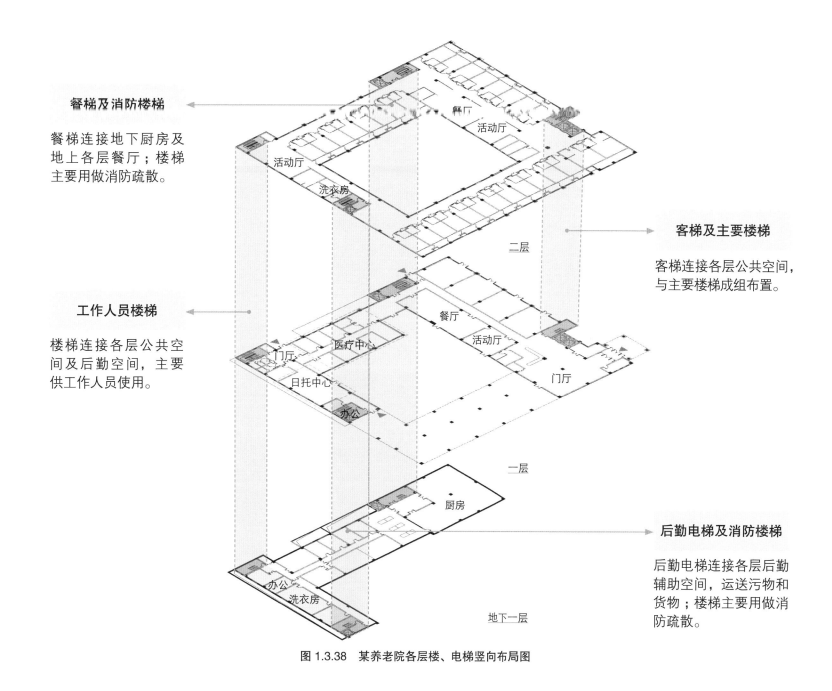

餐梯及消防楼梯

餐梯连接地下厨房及
地上各层餐厅；楼梯
主要用做消防疏散。

客梯及主要楼梯

客梯连接各层公共空间，
与主要楼梯成组布置。

工作人员楼梯

楼梯连接各层公共空
间及后勤空间，主要
供工作人员使用。

后勤电梯及消防楼梯

后勤电梯连接各层后勤
辅助空间，运送污物和
货物；楼梯主要用做消
防疏散。

图 1.3.38　某养老院各层楼、电梯竖向布局图

第 4 节
公共活动空间

公共活动空间的功能

▶ 公共活动空间的范围界定

本节中所指的公共活动空间是供老年人开展文体、休闲娱乐、学习、交往等各类活动的室内公共空间。走廊、公共餐厅等空间在一定情况下也具备公共活动功能，但不作为本节重点讨论范围。

▶ 公共活动空间的常见类型与功能

按照活动类型，可将公共活动空间分为文化娱乐、体育健身与集体活动三类。常见的公共活动空间类型有阅览室、棋牌室、书画室、教室、多功能厅等。基于对国内外养老设施的实地调研与案例研究，可以总结出常见的公共活动功能空间名称及其所对应的活动种类（表1.4.1）。

（a）信仰室

图1.4.1（a）～（g）　养老设施中多样的活动空间

养老设施中常见的公共活动空间类型及具体活动种类　　表1.4.1

活动类型	功能空间名称	具体活动种类
文化娱乐	棋牌室	棋类、麻将、扑克、桥牌等
	阅览室	读书看报、阅览杂志、朗诵会等
	网络室	使用计算机上网、视频聊天、收发邮件、玩游戏等
	书画室	书法、绘画
	教室	小型讲座、小组活动
	手工室	做木工、陶艺、编织、串珠、剪纸，制作拼贴画等
	音乐室	合唱、器乐演奏、曲艺活动，也可用于音乐治疗
	信仰室	各类宗教信仰活动
	厨艺室	烘焙、包饺子等厨艺兴趣活动
	园艺室	园艺活动如插花、移植等
	聊天室	老人和家属聊天，茶话会、座谈会
	放映室	电影、电视等视频、音频播映
	儿童活动室	老幼代际互动
体育健身	舞蹈室	交谊舞、健身操、太极、瑜伽等
	器械健身室	基于健身器械的体育锻炼
	球类活动室	乒乓球、台球、沙狐球等
集体活动	多功能厅	各类联欢会、文艺演出、趣味运动会、大型讲座等

（b）棋牌阅览室

（c）书画室

（d）健身角

（e）放映室、教室

（f）木工室

（g）教室、活动室

图 1.4.1（a）~（g）　养老设施中多样的活动空间

公共活动空间的使用现状

▶ **活动种类日趋丰富，但空间形式单一**

调研发现，养老设施中，老年人的活动种类非常丰富。除了常见的棋牌、阅览、唱歌、跳舞、做操之外，还包括兴趣小组、联欢会、宗教活动等。随着时代的发展、老年人精神文化需求的提高，对公共活动空间的设计提出了新的要求。然而，目前一些养老设施中公共活动空间划分比较死板、功能单一，不能很好地满足老人的活动需求。

图 1.4.2　部分养老设施中，公共空间功能较为单一

▶ **公共活动空间面积不足**

在一些养老设施（尤其是改造类养老设施）中，为了尽可能多布置房间、床位，常常压缩公共活动空间的面积，使得工作人员难以组织安排活动。面积不足也在一定程度上限制了活动的类型与规模。

图 1.4.3　公共活动空间面积不足，老人挤在电梯厅活动

▶ **空间使用率参差不齐**

我们对全国百余所养老设施中公共活动空间的使用情况进行了调研与统计分析，结果显示，棋牌室、多功能厅、图书室、健身房等空间的配置率均超过50%。然而，除了棋牌室的使用频率较高外，其他空间均不属于常用空间，说明目前许多设施对公共活动空间的有效配置、充分利用等存在问题。

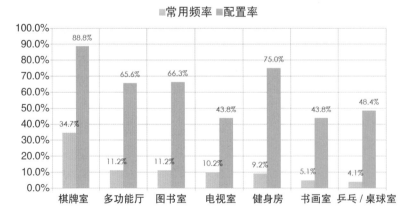

■常用频率　■配置率

	常用频率	配置率
棋牌室	34.7%	88.8%
多功能厅	11.2%	65.6%
图书室	11.2%	66.3%
电视室	10.2%	43.8%
健身房	9.2%	75.0%
书画室	5.1%	43.8%
乒乓/桌球室	4.1%	48.4%

数据来源：2007~2011年清华大学建筑学院学生开展的"老人院调研"，样本共计132家养老机构。

图 1.4.4　养老设施中各类型公共活动空间常用频率与配置率比较[1]

1　图1.4.4中，配置率是指所调研的养老设施中配置了该类空间的比例。常用频率是指管理者认为该空间常用的比例。

公共活动空间的常见设计误区

▶ 空间设计按名称划分，利用率低

许多设计师在进行养老设施设计时，容易简单照搬设计规范中对房间功能的要求，将公共活动区划分为一个个独立房间（图 1.4.5），造成了单个房间面积过小、灵活性差、空间利用率低等问题。

图 1.4.5　按照使用功能将空间划分为阅览室、棋牌室、聊天室等，造成单个房间面积小、功能单一、灵活性差

▶ 设计缺乏对可变性的考虑

调研中发现，一些养老设施在空间灵活性设计方面考虑不足，当活动需求发生变化时，空间难以适应不同的家具摆放方式。例如某养老设施中将书画室改用做休息室（图 1.4.7），原来的吊灯是正对书画桌设置的，长桌换成沙发茶几后，摆放位置难以与吊灯上下对应，导致部分座位照明效果不佳。

▶ 公共空间设置分散，可达性差

部分养老设施中的公共活动空间位置分散、可达性差。例如图 1.4.6 所示的养老设施中，健身房、书画室等活动空间布局较为分散，偏离主要交通流线，使得老人经过、使用公共活动空间频率降低。

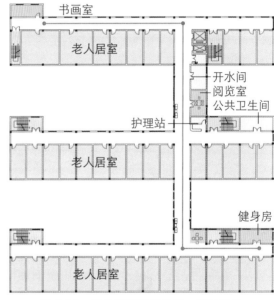

图 1.4.6　活动空间设置分散，可达性差

图 1.4.7　室内家具、硬装固定化，缺乏多功能使用考虑

公共活动空间的灵活配置设计要点

▶ 设置功能可变的多用途公共活动空间

在对日本、德国等发达国家的养老设施调研中，我们了解到，不仅老人自发的活动种类日趋丰富，服务人员也在不断推出新的活动形式。在这种情况下，使用功能与房间名称"——对应"的公共活动空间设计已经不能满足多样化的活动需求。因此，许多养老设施不再设置功能固定的"某某室"，而是设置一组不同大小、不固定具体功能的多用途公共活动空间（图 1.4.8）。

图 1.4.8　某日本养老设施中，上午将餐厅桌椅移开进行早操活动

▶ 分时利用提高空间使用频率

老人们的许多活动是具有时段性的，特别是集体活动，如手工课、小组活动、讲座等。公共活动空间设计需要具有通用性，使工作人员仅通过改变家具布置，就能够实现公共活动空间的功能转变，通过分时使用来提高空间的利用率。

9:00 ➡ **14:30** ➡ **16:00**

讲座　　　　　　　　手工　　　　　　　　合唱

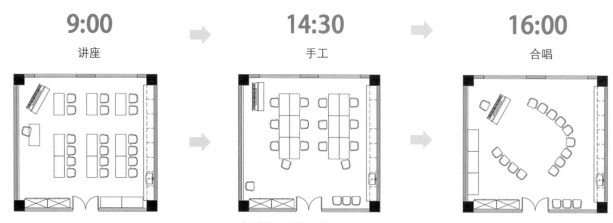

图 1.4.9　小型多用途空间的分时利用与布置示例

▶ 将功能需求相似的空间合并设置

（a）动态活动空间需求：宽敞、可放　（b）静态活动空间需求：安定、安静
　　音乐、隔声　　　　　　　　　　　　　　　隔声

图 1.4.10　动态和静态活动空间的要求比较

许多活动对于空间环境有相似的需求，例如体操、舞蹈、合唱等动态的集体活动，需要空间较为宽敞，设有音响设备，并有较好的隔声效果。而阅览、书画、上网属于小型、静态活动，需要较为安定、宁静的空间（图 1.4.10）。

> **TIPS　空间合并应注意防止相互干扰**
>
> 在合并空间时，要注意防止活动间的相互干扰，将静态活动空间与动态活动空间按两类分区设置是一种常见的设计策略。

▶ 单一功能活动室与混合功能活动室的优缺点对比

单一功能活动室

· 优势：每个空间相对独立完整，特别是对于一些静态活动来说更加安静、干扰较少。也便于各室的单独管理。

· 局限：容易造成各个房间尺寸过小，产生狭窄、拥挤感。较为封闭的空间环境也不利于参加不同活动的老人相互交流，或者吸引老人参加更多样的活动。此外，用于分隔的墙体、房间内的走道都会占用面积，降低空间利用效率。

混合功能活动室

· 优势：不同活动区共用大空间，形成宽敞舒适的空间效果，也能促进老人开展多类型活动，增进老人间的互动交流。老人集中在一个空间中，方便社工组织引导老人开展活动，有利于节约人力配置。同时，不同类型活动区可以相互借用通行空间，提升空间的利用率。

· 局限：各个活动区之间人员走动频繁，存在相互干扰，导致静态活动空间不够安定。

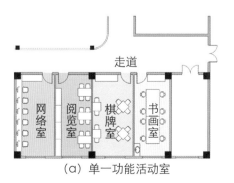

（a）单一功能活动室

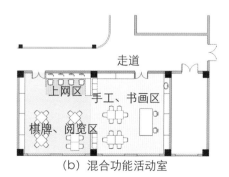

（b）混合功能活动室

图 1.4.11　单一功能活动室与混合功能活动室比较

公共活动空间的可达性设计要点

公共活动空间的可达性十分重要，其中包括动线上的可达性（容易到达）以及视线上的可达性（容易看到）。调研中发现，良好的可达性能够大大提高活动空间的利用率，促进老人参与各类活动，营造热闹的氛围。

▶ 动线的可达性设计

为了保证公共活动空间动线上的可达性，公共活动空间一般会采用以下两种布置方式：

▷ 同层水平集中布置

底层面积较为充裕时，可在建筑的低层部分结合主入口、主走廊集中布置公共活动空间，这种布置方式不仅便于老人选择参与自己喜欢的活动，而且有助于提高活动区工作人员的服务管理效率。

▷ 结合主要竖向交通流线布置

当低层面积较小或安排了其他重要空间，公共活动空间无法在同层集中设置时，可选择在各层就近主要竖向交通流线的区域进行布置。这种布置方式虽然会造成老人频繁上下楼的不便，但有助于促进各层老人之间的交流。

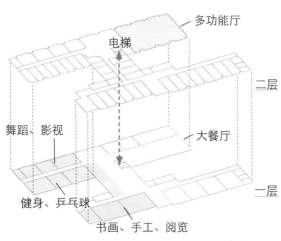

图 1.4.12　低层集中布置活动空间的案例

TIPS　结合竖向交通流线布置公共活动空间时需要注意的问题

· 电梯运力：由于老人乘坐的电梯速度通常较慢，须注意提升电梯的运载能力或适当增设电梯。

· 服务管理：由于公共活动空间分散在各层，可能需要更多人员辅助、引导老人开展活动，会在一定程度上加大运营管理难度。

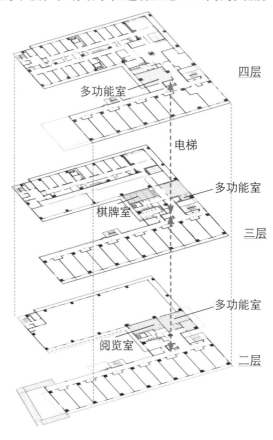

图 1.4.13　结合主要竖向交通流线布置活动空间的案例

▶ 视线的可达性设计

视线可达性良好的空间更方便老人找到，了解其中开展的活动，进而吸引老人参与到活动中。同时，活动空间视线通透还有助于社工等服务人员及时应对老人活动时产生的各类需求，提高服务和管理效率。空间的视线可达性一般与空间的开敞程度、围合界面的材质和透明度等因素直接相关。按照空间开敞程度，可将公共活动空间大致分为以下三类：

▷ 开敞公共活动空间

这类公共活动空间常向走廊开放，空间开敞、视线通透。老人能在走廊中了解其中的活动情况并自由选择是否参加活动。开敞式空间适合开展健身、棋牌等活动，但应注意不要将声音较大的活动区（如舞蹈空间、合唱空间等）设置为开敞形式，避免对周边空间造成干扰。

图 1.4.14 开敞式公共空间能有效提高空间活跃度

▷ 半开敞公共活动空间

半开敞公共活动空间是指围合界面具有一定视觉通透性的空间，如采用低矮的隔断、镂空格栅等形式，使活动空间与外界"隔而不分"。这种空间形式既便于路过的老人了解内部活动情况，也为在内部活动的老人提供了较好的空间领域感，但同样存在对周边空间的声音干扰问题，适用于手工、书画等噪声小、需要一定安定感的活动。

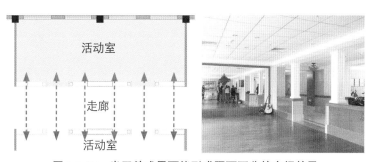

图 1.4.15 半开敞式界面能形成隔而不分的空间效果

▷ 封闭公共活动空间

封闭式的公共活动空间是指以窗、墙界面围合的活动空间，适合唱歌、跳舞、讲座等对空间隔声要求较高的活动。封闭的形式还有助于控制室内温度，节约空调能耗。当然，通过设置透明玻璃隔断和门扇，封闭式空间也可具有一定的空间通透性，便于路过的老人、工作人员了解内部的情况。

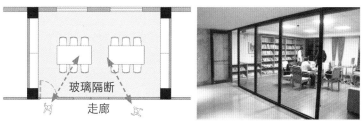

图 1.4.16 通过界面透明化处理可让外界了解到封闭活动空间的内部情况

公共活动空间的多用途设计要点

▶ 设置不同规模的多用途公共活动室

养老设施中进行的各类活动，在参与人数和空间需求等方面各不相同。大、中型养老设施中可设置一组大小不同的多用途公共活动室，并配套布置储藏间、卫生间等辅助空间，以适应不同规模的活动需求。

▷ 中型活动室

使用面积在 60~90m² 左右，能容纳 20~30 位老人进行各类兴趣活动、开展讲座等，亦可供开展乒乓球等体育活动使用。

▷ 小型活动室

使用面积在 20~40m² 左右，适合 5~15 人左右的小组活动，也可用于会议讨论、家庭聚会。

可灵活划分的公共活动室

可在中型公共活动室内设置灵活隔断，使其能够根据活动要求划分为不同的空间，须注意配合设置两个出入口。

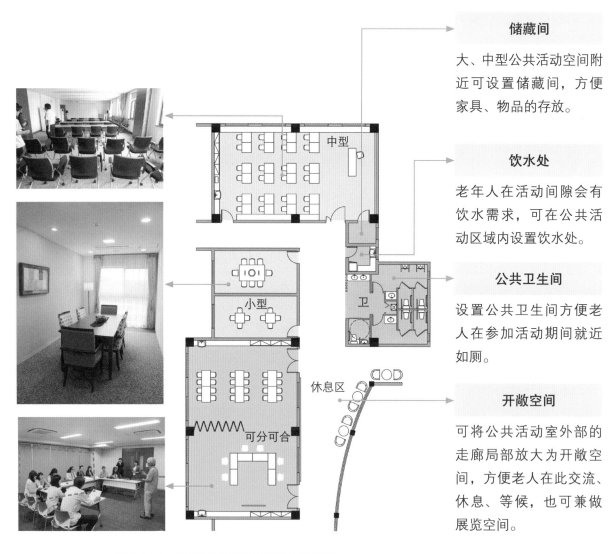

储藏间

大、中型公共活动空间附近可设置储藏间，方便家具、物品的存放。

饮水处

老年人在活动间隙会有饮水需求，可在公共活动区域内设置饮水处。

公共卫生间

设置公共卫生间方便老人在参加活动期间就近如厕。

开敞空间

可将公共活动室外部的走廊局部放大为开敞空间，方便老人在此交流、休息、等候，也可兼做展览空间。

图 1.4.17　多用途公共活动空间设计示例图

▶ 多用途公共活动室的细节设计

为了满足多种活动的使用需求，多用途公共活动室须考虑照明、储藏、上下水等室内设施设备细节的通用性设计。

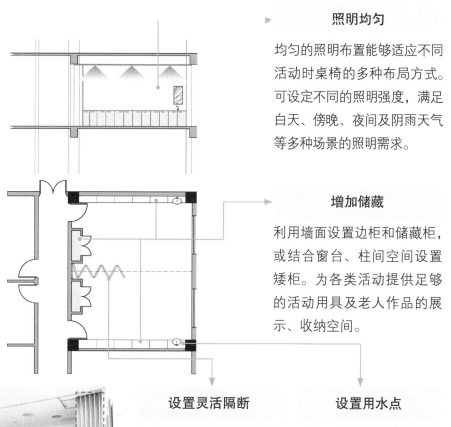

▶ **照明均匀**

均匀的照明布置能够适应不同活动时桌椅的多种布局方式。可设定不同的照明强度，满足白天、傍晚、夜间及阴雨天气等多种场景的照明需求。

（b）均匀的照明形式适应不同家具布局

增加储藏

利用墙面设置边柜和储藏柜，或结合窗台、柱间空间设置矮柜。为各类活动提供足够的活动用具及老人作品的展示、收纳空间。

（c）活动室中不同形式的收纳空间

设置灵活隔断

在规模较大的公共活动室中可设置折叠门或其他形式的灵活隔断，便于空间划分调整。

设置用水点

书法、绘画等活动都需要用水，因此多用途活动室内应设置上下水及水池，方便老人就近取水、涮笔、洗手等。

（a）可分可合活动室中的灵活隔断

（d）活动室中的用水点

图 1.4.18　多功能公共活动室的细节设计分析

文娱类公共活动空间的设计要点

文娱类公共活动空间可用于棋牌、阅览、手工书画等活动，种类十分多样。可根据老人的文化背景、身心特点，有选择地布置活动空间，同时还要根据活动性质营造适宜的空间氛围，引导老人更好地开展活动。

▶ 为棋牌活动营造热闹的气氛

棋牌活动娱乐性强，十分受老人欢迎。无论是路过随便看看，还是参与到下棋打牌之中，都能为老人带来许多乐趣。为了吸引老人自然而然地参与进来，棋牌活动空间应尽可能开敞通透，布置多组桌椅，营造热闹的气氛。同时，还要考虑留出其他老人围观时的座椅摆放空间。

图 1.4.19 棋牌桌椅布置考虑老人"围观"的座位空间

图 1.4.20 设置多组桌椅，营造热闹的气氛

▶ 为阅览与上网空间营造休闲感

与一般的图书馆不同，养老设施中的阅览空间并不强调绝对的安静，而更像是老人们休闲、交往的场所。因此，空间设计可以更加灵活、开敞，如结合走廊、门厅等空间布置书报阅读角，或与网络、书画、手工空间融合布置。还可以适当引入柔和的天光、外界优美的景色，营造轻松愉快的氛围，让老人享受美好的阅读时光。

图 1.4.21 结合休闲活动空间布置书架，创造轻松自由的阅读氛围

图 1.4.22 低矮的柜体便于老人取放书本，也使空间更加通透

▶ 为书画手工区设置展示、收纳空间

在手工、陶艺、书画等文化艺术活动空间中，除了为老人提供活动必要的桌椅、水池等家具设施外，还须注意考虑老人作品的展示、存放空间。利用搁板、挂镜线、壁龛等丰富的展示方式，既能满足老人展示作品的需要，还能使空间充满活力与艺术气息。

图 1.4.23　书画区四周设置挂镜线，展示书画作品，增强老人的成就感与创作激情，也为空间带来艺术气息

图 1.4.26　养老院中定期举办的老人自制手工艺品售卖 / 交换集市

图 1.4.24　陶艺活动区设置展柜，既承担展示、售卖陶艺作品的功能，又有划分空间的功能

图 1.4.25　围绕柱子在中部设置搁板展示老人的小型手工作品，具有很好的装饰性

小故事：养老院里的工艺品集市

我们在参观一家美国养老院时，正值每季度一次的手工艺品售卖 / 交换集市。商品中既有老人们珍藏已久的物件，也有许多老人亲手制作的手工艺品。只要老人想参加，就能拥有一个自己的摊位。许多老人还选择将售卖所得捐赠慈善机构。

走到每个摊位时，老人们都兴致勃勃地向我们介绍自己的收藏品或手工作品，大都十分精美。现场还有许多家属、志愿者、周边社区居民前来参与活动，陪伴老人选购物品或者帮助老人售卖、交换物品。这样的工艺品集市不仅为养老院的生活带来了新鲜与活力，更为老人们提供了一个窗口，通过手工艺品增进了与他人的交流联系，实现自我价值。

运动健身空间的设计要点

运动健身空间可分为两种类型，一种功能以健身为主，主要供健康老人使用，一种功能以康复训练为主，主要供需要康复治疗的老人使用。设计时须根据老人身体条件、使用需求的不同，合理配置运动健身空间和设备。

▶ 老人健身器械的选择要点

由于老年人身体机能退化，力量和柔韧性普遍降低，因此在以健身为主的运动健身空间中，不应选用高强度的健身器械，以免老人受伤。为引导老人进行合理的健身运动，应选择以较为轻松的有氧运动、身体柔韧性练习为主的跑步机、健身车、健走机、环状运动机、搓背机等健身器械。

图 1.4.27 老人适宜使用轻松温和的健身器械，避免使用高强度的牵引、拉伸器械[1]

▶ 老年健身空间设计原则

▷ 留出开敞运动区

调研中发现，乒乓球、集体操等多人参与、有互动感的健身活动受到老人们的欢迎。因此，布置老年健身房的活动区时，可将健身器械沿边布置，中部留出一定开敞区域，为热身、做操、打拳等活动留出空间。

图 1.4.28 设置一定开敞活动区满足老人多样的需求

▷ 保证良好的通风采光和景观朝向

老年人容易胸闷、气短，对健身环境的自然通风要求较高，因此，健身空间应通风良好，不宜设置在地下室。在有条件的情况下，健身空间可面向优美的景观，并采用落地玻璃窗等通透的界面设计，让老人在锻炼时能欣赏室外风景，放松身心，提升锻炼效果。一些简单、低风险、老人可自由使用的健身器材，还可与走廊等公共空间结合设置，这样既能提高器械的利用率，又能增加空间的丰富性。

图 1.4.29 健身空间应具备良好的通风采光效果

---

1 图片来源于网络。

泳池及相关空间的设计要点①
常见类型及位置选择

▶ **设置泳池的意义**

游泳对心肺功能、关节、肌肉都有很好的锻炼作用，且动作柔和，非常适合老年人。在大型、高端设施中，可考虑设置游泳池，供老人使用。游泳相关空间需要在规模、功能、细节等各方面针对老人特殊身体条件进行适老化设计。

▶ **老年设施中的泳池类型**

根据规模不同，养老设施中常见的泳池主要可分为小型泳池与中型泳池两类。

▷ **小型泳池、水疗池**

小型泳池主要供老人进行水中康复锻炼，例如水中漫步、水球等活动。小型泳池没有固定的规模和形状要求，可根据空间大小、预期使用人数和使用方式灵活设计。

▷ **中型泳池**

中型泳池一般设置在规模较大的养老设施或老年社区中，主要供活力老人进行游泳健身，也可对外开放经营。中型泳池尺寸通常较标准泳池有所缩短，为了适应老人的体力条件。此外，还可配置按摩池、泡池、儿童戏水池等其他类型的水上康乐空间，以丰富功能、增加趣味性。

▶ **泳池的常见位置**

泳池空间对层高有特定要求，不宜设在居住标准层，一般可设置在地下层、首层或者建筑顶层。当在地下室或者顶层设置大中型泳池且对外开放时，需要注意增强交通可达性和空间独立性，以便于人流集散，避免对老人生活和运营管理造成干扰。

水疗池

小型泳池

中型泳池

图 1.4.30　适合养老设施设置的泳池类型

泳池及相关空间的设计要点②

功能构成

▶ 泳池及相关空间功能构成（以中型泳池为例）

游泳水疗空间由泳池及相关空间共同组成，可大致按功能将其划分为入口接待区、更衣淋浴区、泳池区和后勤区管理等。另外，可根据当地气候、老人的特点与喜好，设置按摩区、泡浴区、休闲区等，丰富老人的游泳洗浴活动。

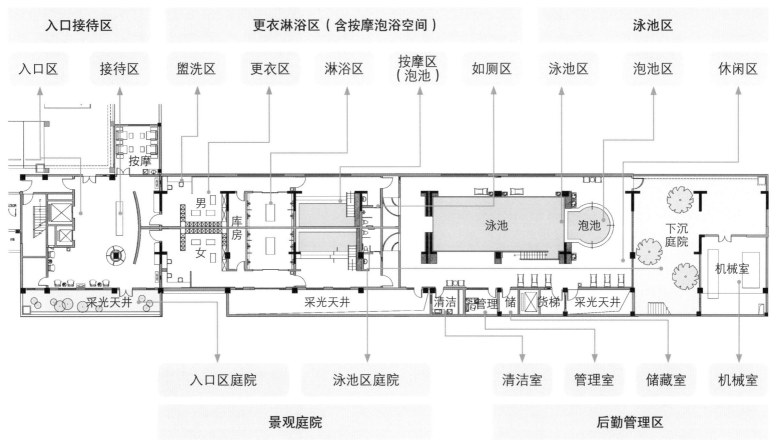

入口区、游泳区可与室外庭院结合设置，以获得更好的景观视线和通风采光条件。

可在泳池区中部设置管理室，方便工作人员看到泳池各区域的情况，及时提供服务与帮助。此外，还应配置清洁间、储藏间等必要的辅助空间。

图 1.4.31 某地下一层泳池的平面功能分析示例

泳池及相关空间的设计要点③

细节设计要点

▶ **泳池细节设计要点**

注意入口防滑

普通泳池入口常设净脚池，该区域地面往往存在高差且带水，很容易造成老人滑倒。因此在设计净脚池时，须注意在高差变化处设置扶手，并采取防滑措施。

管理室应能够直接监管泳池

管理室与泳池空间应有直接的视线与动线联系，以保证在泳池发生紧急状况时工作人员可第一时间赶到，进行应急处理。

合理控制水深与温度

为了保证老人的安全，建议将泳池的深度设置在1.2m以下（即水中站立时水面在胸部以下），以防意外溺水。另外，由于老人在水中的运动量相对较小，且许多老人患有关节炎，因此泳池的水温应较普通泳池略微提高，以28℃~30℃较为适宜[1]。

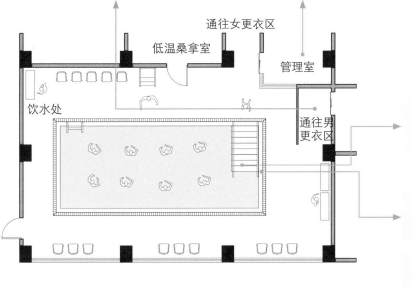

设置缓步入池台阶，或带防滑磴的缓坡

采用防滑地面，通过色彩对比强化泳池边缘

保证池边走道宽度，并留出足够的休息区宽度

池边内侧设置扶手，便于老人在水中休息时保持身体平衡

设置休息座椅

普通的池边休息座位常用躺椅。但老人腰腿力量较弱，从躺椅上起身较为困难，且在运动后马上躺下容易造成心脏缺血，因此休息座椅最好部分采用起坐方便的座凳。

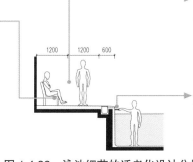

图 1.4.32　泳池细节的适老化设计分析

1　参考自美国水中健身协会 http://www.uswfa.com/aquatic_programming_info.asp。

多功能厅的设计要点

多功能厅是养老设施中重要的集体活动空间，其中可开展的活动十分多样。设计时应考虑到使用的灵活性，并针对老人身心特点进行适老化设计。

▶ 多功能厅的常见规模

多功能厅主要用于举办各类大型集体活动，例如联欢会、室内运动会、培训会、小集市、观影会等。这些活动不仅有老年人参加，还会有工作人员、老人亲属以及志愿者、演出团体等社会人士共同参与。因此，有条件时，多功能厅的规模应当设置得稍大一些，根据养老设施的具体规模和功能需求综合考虑。例如：对于 100~200 床的养老设施，多功能厅的大厅部分使用面积一般为 200~400m²，单座使用面积约为 1.2~1.8m²。但须注意的是，为了使老人参与活动时能够听清、看清，多功能厅的规模也不宜过大。

空间紧张时，可以利用其他大空间如门厅、公共餐厅等兼做多功能厅。也可将餐厅和多功能厅临近布置，中间设置灵活隔断，大型活动时可相互连通，提高空间利用率。

联欢演出

趣味运动会 [1]

交谊舞会 [2]

图 1.4.33　多功能厅中常见的活动类型

▶ 多功能厅的空间要求

为了保证演出、讲座等活动时各方向的视线可达性，多功能厅设计须尽可能争取方正、中间无柱，避免老人视线受到遮挡或座位偏远难以看清舞台。多功能厅地面不宜设计为带坡度或阶梯的形式，以防老人跌倒。

此外，考虑到老人视力、听力的衰退，多功能厅形状应尽可能方正。在面积相同的情况下，扁宽的空间比瘦长的空间更利于老人听清、看清。

图 1.4.34　多功能厅内应无柱、视线良好，以利于老人观赏节目

▶ 多功能厅功能构成与细节设计要点

除了活动大厅外，多功能厅须配套设置一系列辅助空间，包括前厅、卫生间、储藏间、备餐间、音响设备室等。

前厅、休息区

多功能厅应配置前厅，并设置一定的休息座椅，方便老人活动前后、中场休息时等候、交流、饮水等。

多功能大厅

应能够灵活适应多样的空间布置需求，宜采用平整且具有一定弹性的地面材料，以满足舞蹈、体育活动需求。

舞台

舞台高度可适当降低到距地450mm以下，并设置坡道使轮椅老人也能方便上下舞台。

设备控制室

音响、灯光设备控制室宜临近后台空间，便于工作人员在组织活动的同时就近调节控制各类设备。

公共卫生间

应设置公共卫生间（含无障碍卫生间），方便老人就近如厕。

备餐间

设置备餐间，以满足联欢会、舞会等活动时的餐饮、茶水服务需要，有条件可结合餐梯布置。

后台

供演出人员、工作人员使用，须设置卫生间、化妆间和一定的储藏空间，并保证足够的通道宽度。

图 1.4.35　多功能厅设计示例分析图

第 5 节
就餐空间

餐厅的基本功能及分类

▶ **养老设施餐厅的基本功能**

本节中,餐厅是指在养老设施内为老年人提供集中就餐服务的公共空间。与普通餐厅不同的是,养老设施的餐厅除了作为用餐场所之外,也是老人彼此交流、闲暇休息、举行集体活动及与亲友聚会的主要活动场所。此外,为了提高在非用餐时段的利用率,还可将餐厅兼做联谊厅、运动厅、茶餐厅、咖啡厅、阅览室、教室等空间使用。

▶ **养老设施餐厅的分类**

一般来说,养老设施中的餐厅可分为两大类,一类是公共餐厅,一类是组团餐厅。本节将重点讲解公共餐厅的配置和设计要点;组团餐厅的设计可参考卷1,5-2节的内容。

图 1.5.1 典型公共餐厅

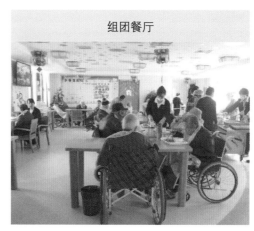

图 1.5.2 典型组团餐厅

养老设施集中设置的公共餐厅

· 一般养老设施中都会配置,多为健康老人使用,也鼓励半失能老人前来就餐,增加老年人的身体活动及相互交流。

· 养老设施中的公共餐厅一般面积较大,可兼顾节日活动、接待访客、对外开放等使用需求,也可作多功能厅,增加其利用率。有的公共餐厅还会灵活布置包间、特色餐饮空间,以增添生活情趣,丰富休闲活动。

· 可考虑对社区开放,为周边居民服务。

分散在各个居住组团的小型公共餐厅

· 若养老设施设有专门的护理组团,宜在护理组团设置组团餐厅,供行动不便或就餐时须专门照顾的老人使用,有助于缩短护理老人就餐的行走距离、提高服务效率。

· 一般与组团内公共起居厅合设,兼做活动厅。

· 自理老人居住组团也须考虑未来老人护理程度提高的可能,预留好组团餐厅空间。

公共餐厅的常见设计问题

▶ 就餐空间空旷单调

有些养老设施的公共餐厅设计理念有误，认为只要提供充足的就餐场所就够了，而忽略了老人就餐时的情绪和食欲。例如，图 1.5.3 所示的餐厅虽然空间很大，却给人一种传统大食堂的感觉，空间形式单一、缺少用餐气氛。另有一些餐厅的设计没有考虑为家属探望、家庭聚会等布置较为私密的就餐空间，使老人们感到就餐单调，没有乐趣。

图 1.5.3 "食堂化"的餐厅显得单调、嘈杂

▶ 流线设计不合理

一些餐厅因为在设计时对厨房、备餐空间、餐厅等位置没有统一地深入考虑，导致局部的平面流线设计不合理。例如，备餐台距离厨房出餐口远，增加了员工备餐的工作量；员工备餐流线与老人进入、洗手、就座流线交叉，导致就餐人流混乱，可能引发餐车与老人相撞等危险事故等（图 1.5.4）。

图 1.5.4 就餐流线混乱交叉，老人进入餐厅时受到员工出餐的干扰，去洗手时又会干扰取餐后端餐入座的其他老人

▶ 配套空间及细节设计不足

有些养老设施仅设计了一个大空间作为公共餐厅，却没有考虑相应的辅助空间，例如，没有设置面积充足的等候前厅（图 1.5.5）以及卫生间、储藏间等配套用房。对于餐厅内部的细节设计也考虑不周，比如未设置助行器停放空间、洗手池、备餐台等，给老人和服务人员的日常使用带来了麻烦。

图 1.5.5 大餐厅入口前厅空间过小，且与电梯厅合用，导致人流交汇，较为拥挤

公共餐厅的位置选择

▶ **公共餐厅可配置在设施进出方便的位置**

公共餐厅使用频率较高，出入人流量较大，通常布置在首层易于看见的地方。中小型设施的公共餐厅可临近主入口，方便借用其前厅集中和疏散人流，同时也起到接待宾客、营造氛围等作用。

▶ **公共餐厅需通过备餐空间与厨房衔接**

餐厅与厨房宜临近布置，中间通过备餐间衔接，以保证送餐流线不与其他流线交叉。两者位置关系最好同层临近，无法同层设置时，可垂直对位。

▶ **公共餐厅可设单独出入口**

公共餐厅人流量较大，设置单独的出入口可以提高疏散的安全性，面积较大的餐厅应保证至少两个出入口。

国外有设施将餐厅设置在顶层，借用屋顶露台作为灾难发生时等待救援的平台，平时作为室外就餐空间，老人可一边就餐一边欣赏风景。

在项目靠近用地外侧的区域给餐厅设置单独出入口，有利于餐厅的对外经营，能有效避免外来就餐人员穿行设施内部空间，降低对外营业所带来的人员出入管理难度和安保风险。

▶ **公共餐厅可与其他活动空间结合设置**

公共餐厅常用于举办全院的大型活动，家属、外部团体等也会前来参加，这时往往会出现面积不够的情况。可考虑将餐厅与周边其他大型空间如多功能厅、庭院等结合设置，以满足举办大型联欢活动、聚餐、节日庆典等需求。

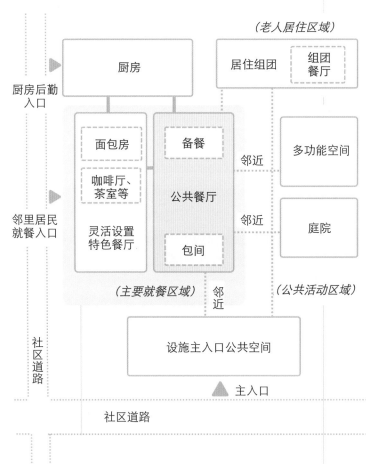

图 1.5.6 公共餐厅的平面位置选择示意图

公共餐厅的面积配置要求

▶ 养老设施公共餐厅面积的建议值

根据养老设施中使用者的身体条件，针对不同养老设施类型有不同的公共餐厅面积建议值：

老年养护院的公共餐厅面积建议为 1.5~2.0m²/ 座

因老年养护院以收住护理老人为主，坐轮椅的老人和需要护理员喂饭的老人比例较高，座均面积较大；同时，无法到公共餐厅用餐的老人比例也相对较高，公共餐厅的总座位数可按照总床位数的 60% 测算。

养老院的公共餐厅面积建议为 1.5m²/ 座

因养老院收住的自理老人较多，其人均占用面积比轮椅老人小一些，座均面积相对较小。公共餐厅的总座位数可按照总床位数的 70%~80% 测算。

老年人日间照料中心的公共餐厅面积建议为 2.0m²/ 座

在这类设施当中，餐厅不仅是老人用餐的场所，也是非用餐时间段老人的主要活动空间之一，因此座均面积较大。同时，全部老人均会在公共餐厅用餐，因此公共餐厅座位数应按照被照料老人总数测算。

▶ 公共餐厅的面积配置思路

上述公共餐厅座均使用面积指标均为建议值。实际项目中的公共餐厅面积配置还须考虑以下因素：

· 养老设施的餐厅座均使用面积在满足老人就餐空间需求的基础上，还须包括轮椅通行、餐车穿行及护理员喂饭等所需的空间。实践发现，养老设施中的护理老人数量一般会随着开业运营时间的变长而增多，因此座均使用面积可比标准规范中要求的适当提高。调研得知，高档养老设施餐厅使用面积可达 3m²/ 座左右。

· 应考虑公共餐厅兼做活动厅的需求。每逢节假日或举办聚餐联欢等大型活动时，养老设施一般都要接待大量的人群，除老人之外，还包括老人亲友、员工及志愿者等。因此公共餐厅面积可在满足规范的基础上再加大些。

· 可预先考虑空间的多功能化设计。例如将餐厅空间灵活划分为若干个中小空间使用，同时开展就餐、培训、游戏等活动，使餐厅空间可分可合，使用面积具有弹性。

公共餐厅的常见平面形式

根据不同的分类方式，公共餐厅可归纳为以下几种不同的平面形式。

公共餐厅平面类型   表 1.5.1

分类依据	平面类型	平面特点	典型平面	空间实例
空间界定方式	开敞型	• 常向走廊、花园、露台等开放，能够扩展空间，拓宽视野，促进交流 • 空间私密性较差，容易受到周围活动的干扰；气味容易侵染临近空间；室内温度难以控制	日本某养老设施餐厅平面图	
	封闭型	• 易于开展多种活动，安静私密，便于管理；室温容易控制 • 空间死板，开展大型活动时会出现拥挤状况	我国某日间照料中心餐厅平面图	
平面形状	规整型	• 空间利用率高，可适应多种活动 • 空间不够丰富亲切，大空间给人距离感和疏远感	我国某养老设施餐厅平面图	
	自由型	• 视觉感受丰富，空间氛围活跃；小空间给人亲切感 • 较难作为多功能厅（会议、观影等）使用，不利于开展大型公共活动	挪威某养老健康中心餐厅平面图	

公共餐厅内老人就餐方式与就餐流程

▶ 老人在公共餐厅的三种就餐方式

· 自主取餐：老人自己到取餐台、取餐口取餐，之后自行端餐入座用餐，包括自助餐模式，一般适用于健康老人。

· 协助送餐：服务人员协助老人入座，并为他们送餐上桌，主要适用于行动不便的老人（如部分半失能老人、轮椅老人等）。

· 自由点餐：服务人员为用餐者进行点餐，类似一般餐厅。主要服务于家庭聚餐及访客，一般出现在包间、特色餐厅中。

我国养老设施对这三种方式均有使用，院方会根据老人们的身体健康状况、用餐时段等选择适宜的就餐方式，运营过程中也会有所改变，因此餐厅的设计应考虑适应不同的就餐方式。其中，自主取餐的就餐方式对餐厅空间设计影响较大且相对复杂，以下将着重介绍。

▶ 公共餐厅内老人自主取餐的就餐流线

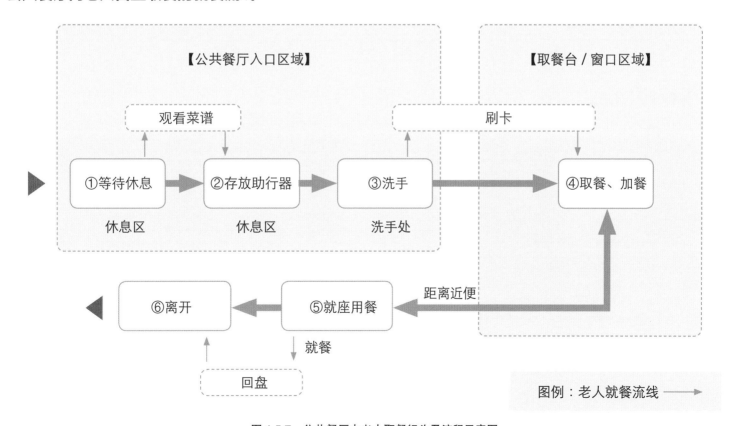

图 1.5.7　公共餐厅内老人取餐行为及流程示意图

公共餐厅内老人就餐流线设计

▶ 老人自主取餐流线的设计要点

· 确保老人自行取餐流线的单向性。避免取餐流线与洗手、刷卡等流线相互交叉干扰，以免拥挤、相撞。

· 保证老人通行流线简短、便捷。须谨慎选择取餐台的位置，以尽量缩短老人取餐、加餐过程的行走距离。

· 注意留出足够的集散空间。入口区域和取餐台、取餐窗口区域的人流相对密集，空间应适当放大，避免这两个区域出现交通瓶颈。

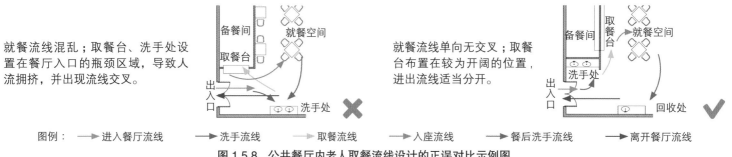

就餐流线混乱；取餐台、洗手处设置在餐厅入口的瓶颈区域，导致人流拥挤，并出现流线交叉。

就餐流线单向无交叉；取餐台布置在较为开阔的位置，进出流线适当分开。

图例： ——→ 进入餐厅流线 ——→ 洗手流线 ——→ 取餐流线 ——→ 入座流线 ——→ 餐后洗手流线 ——→ 离开餐厅流线

图 1.5.8 公共餐厅内老人取餐流线设计的正误对比示例图

▶ 老人自主取餐流线的设计举例

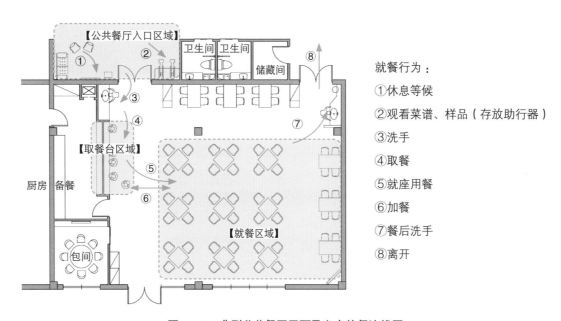

就餐行为：

①休息等候

②观看菜谱、样品（存放助行器）

③洗手

④取餐

⑤就座用餐

⑥加餐

⑦餐后洗手

⑧离开

图 1.5.9 典型公共餐厅平面及老人就餐流线图

公共餐厅的功能区域及布置要求

▶ 公共餐厅空间的十大功能区

公共餐厅由多种不同功能区组合而成。这些功能区包括两大类：一类必备空间（下图①～⑤功能区），一类是可选空间，如特色餐厅及多功能空间等（下图⑥～⑩功能区）。各功能区的布置要求简述如下：

① 入口区

设于餐厅进出口处，可借用走廊空间，供老人用餐前后休息等待、相互交流使用，也常做展示空间。

② 洗手处

可结合餐厅附近的卫生间布置，也可单独设置在餐厅入口附近，方便老人用餐前后洗手、漱口，保证用餐卫生。

③ 取餐处

最好就近餐厅入口并与备餐空间连接，可采用台面或窗口形式摆放食物，须有一定长度，方便老人拿取。

④ 就餐区

须摆放多组餐桌椅，供老人就坐用餐。不要设计太多固定座位，空间中最好无柱，便于桌椅灵活调整。

⑤ 卫生间

设于公共餐厅附近，满足老人就餐前后的如厕需求。

⑥ 包间

临近备餐间或能够方便送达的地方，是私密性较高的用餐空间，满足老人及访客的小型聚餐需求。

⑦ 特色餐饮空间

可单独设置，作为少数民族餐厅，也可结合休息区或室外空间布置，用于休息交流及咖啡、茶点等的供应。

⑧ 备餐间

位置应与厨房、就餐区、包间近便，以节约送餐人力。备餐间应配置充足的台面，以便于备餐和分餐操作。

⑨ 储藏间

可在餐厅内部布置，也可在餐厅附近单独布置，供储存多余的餐具、桌布、餐桌椅、转盘等。

⑩ 多功能区域

餐厅空间可通过移动隔断灵活分隔，将部分区域作为多功能空间使用。

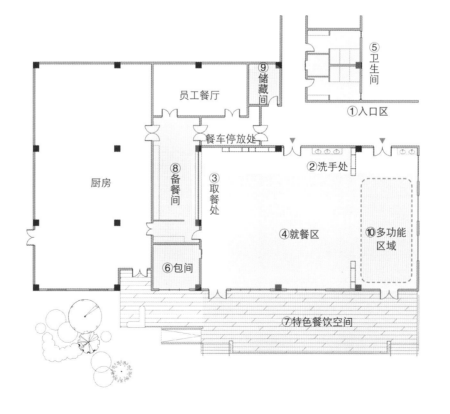

图 1.5.10　公共餐厅主要功能区域平面示意图

公共餐厅的设计要点①

▶ **宜留有空间进行菜单展示、公告宣传**

为了方便老人了解当日及近期餐品种类和特色菜肴，并营造热闹的就餐氛围，可在餐厅入口处预留展示空间，形式可以为落地展板架、展示台、易于更换的展墙等，同时须考虑观看行为所需的空间。此外，由于餐厅入口人流量较大，老人逗留时间也较长，因此也适合发布设施公告等重要信息。

图 1.5.11　餐厅入口处设置菜品展示架

▶ **可预留空间设置台面**

入口处可预留空间设置台面或展示架，用于布置自助餐模式所需的刷卡机、餐盘等，同时也可展示节日的特殊食品如月饼、粽子等，或者老人自制的食品、手工艺品，具有烘托节日气氛、愉悦老人心情的效果。

图 1.5.12　入口处设置台面用于放置自助茶水及刷卡机

图 1.5.13　餐厅入口设置展示架

公共餐厅的设计要点②

入口休息区

▶ 宜布置休息座椅和助行器停放处

· 一些养老设施由于餐厅面积较小，要求老人将轮椅等助行器具停放在餐厅外，以免发生碰撞，影响内部通行。因此餐厅入口区宜布置助行器具停放处，且须避开正常通行空间并留有一定缓冲区，便于老人进行存取等操作。

· 布置休息座椅，为等候开餐的老人提供安定的环境，相互交流、增进感情。

图 1.5.14 餐厅入口处提供助行器存放空间，并避开正常通行空间

图 1.5.15 在餐厅入口前厅布置座椅，作为休息区，但须注意留有足够的通行宽度

▶ 适当扩大空间，考虑多功能设计

· 可以在入口处设置简单的游艺或健身器械，以丰富老人等待时的活动，同时还可以设置一些自助体检设备，为老人提供量血压、测体重等服务。

· 结合咖啡吧、茶室，打造特色餐饮空间，提高休息区的利用率并丰富老人的餐饮选择。

图 1.5.16 休息区座椅布置较为温馨轻松，并且安排了简单的身体检查服务

图 1.5.17 休息区与咖啡、茶室结合设计，提高空间的利用率

公共餐厅的设计要点③

洗手处及卫生间

▶ 餐厅入口旁宜设置洗手处

洗手处宜位于餐厅入口附近，便于老人就餐前后洗手，但不可紧贴主要就餐通道设置，以防止溅出的水造成地面湿滑，导致通行的老人滑倒。

老人在洗手处刷牙、漱口时，可能会影响正在用餐老人的感受，因此洗手处最好与就餐区适度分离，或采取一定的遮挡措施（图 1.5.18、图 1.5.19）。

图 1.5.19　公共餐厅入口的隐蔽处布置洗手池

▶ 餐厅附近宜布置卫生间

老人就餐时间较为集中，公共餐厅同时就餐的老人数量较多，为满足老人就餐期间的如厕需求，宜在餐厅附近布置卫生间，并设置两个及以上的厕位，避免老人因排队等候造成拥挤，引起烦躁。

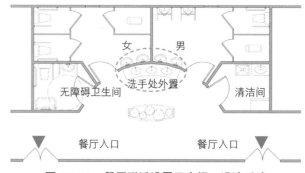

图 1.5.20　餐厅附近设置卫生间，设洗手池

图 1.5.18　公共餐厅洗手处平面布置示例图

TIPS　洗手处的位置

餐厅可独立设置洗手处，以方便老人和服务人员随时使用。当卫生间距离餐厅较近时，也可将洗手池独立设置在卫生间外侧，便于老人洗手、漱口。

公共餐厅的设计要点④

取餐处

▶ **取餐处位置宜居中，与备餐间衔接**

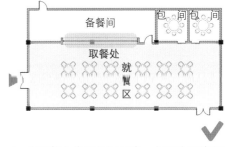

（a）取餐台与就餐位距离过远，老人端餐行走不便　　　（b）取餐须穿行就餐区，不便取餐　　　（c）取餐台位置相对居中，与各方距离适宜

图 1.5.21　取餐处位置选择的正误对比示意图

▶ **取餐台宜单向集中设置，多设台面，并考虑可变性**

· 老人端餐行走不便，取餐台的设置应避免老人行走距离过长或者须转身、返回才能完成取餐动作。因此取餐台最好单向、集中布置。常见的取餐台形式包括岛形、U形，L形及一字形。

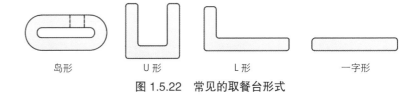

图 1.5.22　常见的取餐台形式

· 取餐台应有一定的宽度，便于放置托盘，其高度应适中，方便老人进行拿取操作，并起到撑扶作用。

· 自助取餐台可多设台面，放置电饭煲、微波炉等，并配合设计插座，供老人根据需要自行煮制食物。或切磋厨艺时使用。

· 取餐台的形式与老人的就餐方式有关，而就餐方式在运营过程中可能会改变，因此取餐台的形式宜具有可变性及适应性。须考虑取餐台可倚靠的墙面、柱子等，并预留好插座，以便使用保温设备。

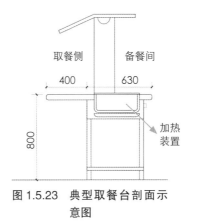

图 1.5.23　典型取餐台剖面示意图

图 1.5.24　自助取餐台多设台面及插座放置电饭煲、微波炉等

公共餐厅的设计要点⑤

就餐区

老人对就餐环境有不同的喜好，比如有的老人喜欢安静地独自用餐，有的则喜欢与他人一起用餐，有的喜欢听着音乐、看着电视用餐，还有不少老人希望在独立的空间里和家人朋友用餐。因此，就餐区的设计应保证就餐环境和空间分隔等方面的多样性和灵活性，满足老人的不同需求。

▶ 公共餐厅宜划分成不同规模、不同氛围的就餐区域

公共餐厅的集中就餐区需要一个较为完整的大空间，以满足大部分人的就餐需求，并便于非用餐时段当作公共活动空间使用。靠边局部可设置一些围合式的小型就餐空间，供对私密性有需求的老人使用。

图 1.5.25　完整开敞的大就餐空间

图 1.5.26　分隔的小就餐空间

▶ 公共餐厅可设置滑动隔断，以根据使用人数分区开放

养老设施从开业到住满一般需要经历一段较长的时间，期间餐厅座位的使用率不断变化。此外，调研发现一天内不同时段餐厅的利用率也不同，通常情况下早餐时间就餐人数相对较少。可以考虑在餐厅中增加活动隔断，将大空间划分为几个部分。在使用人数较少时开启部分区域作为餐厅使用，另一部分则作为活动空间，以增加餐厅整体的利用率，也能更好地节约能源，减轻保洁人员的工作量。

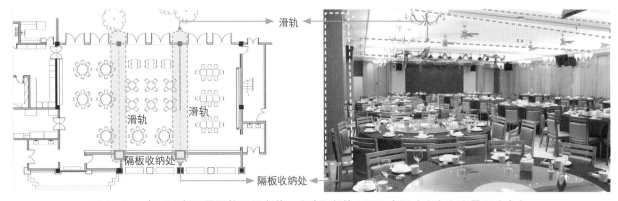

图 1.5.27　餐厅顶部设置滑轨用于安装可移动隔断的平面示意图（左）和实景图（右）

公共餐厅的设计要点⑥

包间

根据我国的餐饮习惯，公共餐厅最好设置若干包间，用于家庭聚会等各种活动，为老人提供较为私密的就餐空间。

▶ 应设置不同规模的包间

包间可以有大小之分，以适用于不同规模的聚餐。小的包间可容纳 6~10 人，用于家属看望时家庭聚会；大的包间可容纳 20 人左右，用于开会、接待及举办老人生日会等活动。

▶ 应注重包间的灵活性，可分可合

相邻的包间之间可以通过活动隔断进行分隔设计，以便根据就餐人数灵活调整，将隔断收起后，还可作为小型公共就餐区供老人日常使用。面积紧张的养老设施餐厅，没有条件单独设置包间，可在需要包间时利用屏风等隔断将集中就餐区分隔成包间使用。

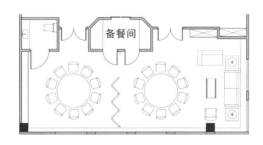

图 1.5.28　两个小包间之间通过隔断可合为一个大包间使用，也可作为小型公共就餐区使用

▶ 应注重包间的多功能设计，提高使用率

条件允许时，可为包间增加一些功能。例如配置小厨房，用于家庭聚会时自制菜肴，营造家庭氛围。另外，包间也可独立于餐厅外，单独设置出入口，便于在用餐以外的时间开展其他活动，如接待宾客、开会、培训等。

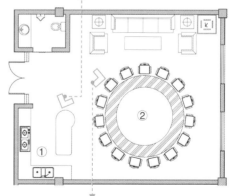

图 1.5.29　包间配置简易厨房

公共餐厅的设计要点⑦

储藏间

▶ 宜设置专用的封闭储藏间

调研时发现，一些平时不用的桌椅常被堆叠在餐厅的边角空间，降低了餐厅的视觉效果及整洁度。因此宜在餐厅内或附近设置专门的储藏间。

▶ 根据物品类型选择适宜的储藏空间形式

大型圆桌面需要较大的空间和可倚靠的墙面；桌布、桌花等则较适宜用储藏柜进行收放。

图1.5.30　某养老设施公共餐厅未设专门的储藏间，只能在墙角用隔板围合出储藏空间，用于存放多余的餐座椅，影响美观

图1.5.32　餐厅须储藏的物品[1]

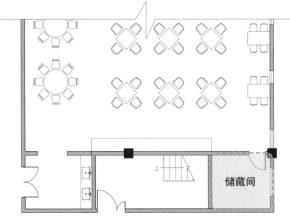

图1.5.31　利用楼梯下方的空间作餐厅储藏间

储藏间

图1.5.33　储藏间的大小和门应考虑能存储直径较大的桌面

图1.5.34　储藏间中可设有储藏柜，储物盒等用于小物品的存放

1　图片来源于网络。

公共餐厅通道布置建议

▶ 通道分类及其宽度要求

公共餐厅集中就餐区的通道一般可分为主通道（包括取餐通道）、次通道、邻桌通道三种。其宽度设置建议如下：

集中就餐区通道类别及宽度要求　　　　　　　　　　　　　　表 1.5.2

类别	宽度建议	宽度示意图		类别	宽度建议	宽度示意图
主通道	主通道宽度须大于1.8m，可满足两辆轮椅（或餐车）并行通过的需求	1800	1800	邻桌通道	邻桌通道宽度须大于0.6m，可满足单人拄拐步行通过的需求	600
次通道	次通道宽度须大于1.2m，可满足一辆轮椅及一人并行通过的需求	1200	1200			

注：通道宽度不等于餐桌之间的距离，须考虑座椅占据的宽度，并根据桌椅摆放方式确定。

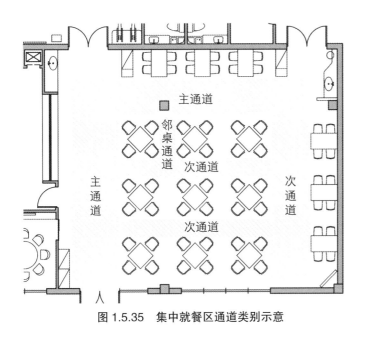

图 1.5.35　集中就餐区通道类别示意

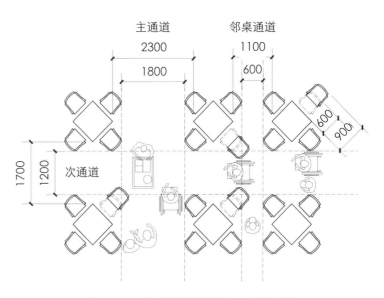

图 1.5.36　集中就餐区通道宽度平面示例

公共餐厅的桌椅布置建议

▶ 建议多设轻便型小方桌，兼顾实用性和灵活性

调研中发现养老设施公共餐厅中两三个人共同就餐的比例较大，因此餐桌不宜过大，建议设置 800mm 四方桌子供 2~4 人使用。若同时就餐人数较多，可将多个方桌拼在一起。此外，还可以在小方桌上铺设圆桌面，供 8~10 人使用，满足小型聚餐的需求。

此外，800mm 宽的小方桌方便挪动，较为灵活，可以适应餐厅布局因使用需求的不同而发生的改变。

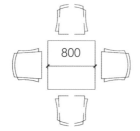
（a）单独小方桌——2~4 人使用

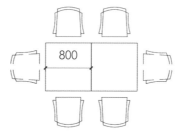
（b）两个小方桌拼合——4~6 人使用

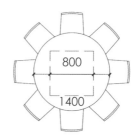
（c）小方桌加圆桌面——6~8 人使用

图 1.5.37　灵活可变的小方桌布置示意图

▶ 宜临近主次通道布置轮椅餐位

公共餐厅须考虑轮椅老人的就餐需求，建议将轮椅餐位安排在集中用餐区的外侧，临近主次通道，以方便轮椅老人通行、入座及退席。

图 1.5.38　轮椅餐位均临近主通道布置，方便进出

▶ 餐桌椅的适宜形式

餐椅前腿带轮，方便挪动；配有扶手便于老人起身撑扶；椅背顶部拉手便于搬运移动。

单腿餐桌，便于轮椅老人使用；桌子边缘为柔和弧形，避免老人磕碰。

图 1.5.39　餐桌椅示例

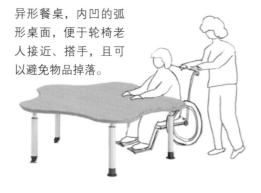

异形餐桌，内凹的弧形桌面，便于轮椅老人接近、搭手，且可以避免物品掉落。

图 1.5.40　异形餐桌

公共餐厅设计示例

▶ **养老设施公共餐厅设计示例分析**

本示例为北方某中型 200 床规模养老设施的 50 座公共餐厅。此外，该设施还设置了一个 100 座大型中庭宴会厅，并在每个居住层设有两个组团公共起居厅兼餐厅，供老人日常就餐使用。

50 座公共餐厅位于一层入口接待厅东侧，餐厅座均使用面积为 2.9m²。

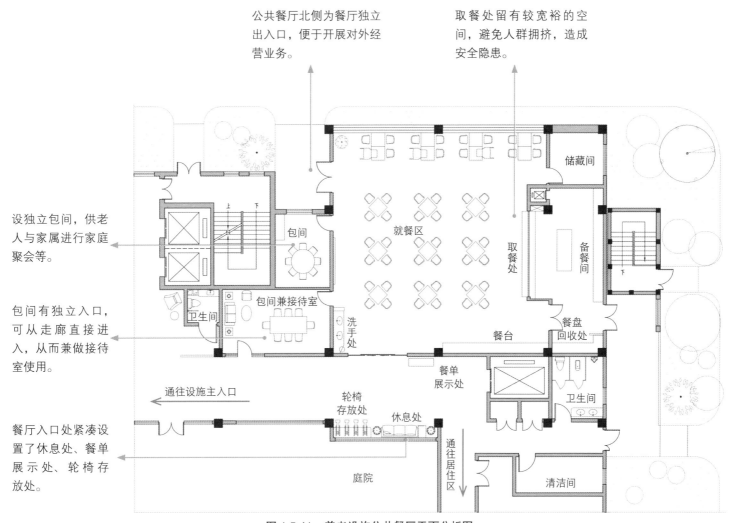

公共餐厅北侧为餐厅独立出入口，便于开展对外经营业务。

取餐处留有较宽裕的空间，避免人群拥挤，造成安全隐患。

设独立包间，供老人与家属进行家庭聚会等。

包间有独立入口，可从走廊直接进入，从而兼做接待室使用。

餐厅入口处紧凑设置了休息处、餐单展示处、轮椅存放处。

图 1.5.41 养老设施公共餐厅平面分析图

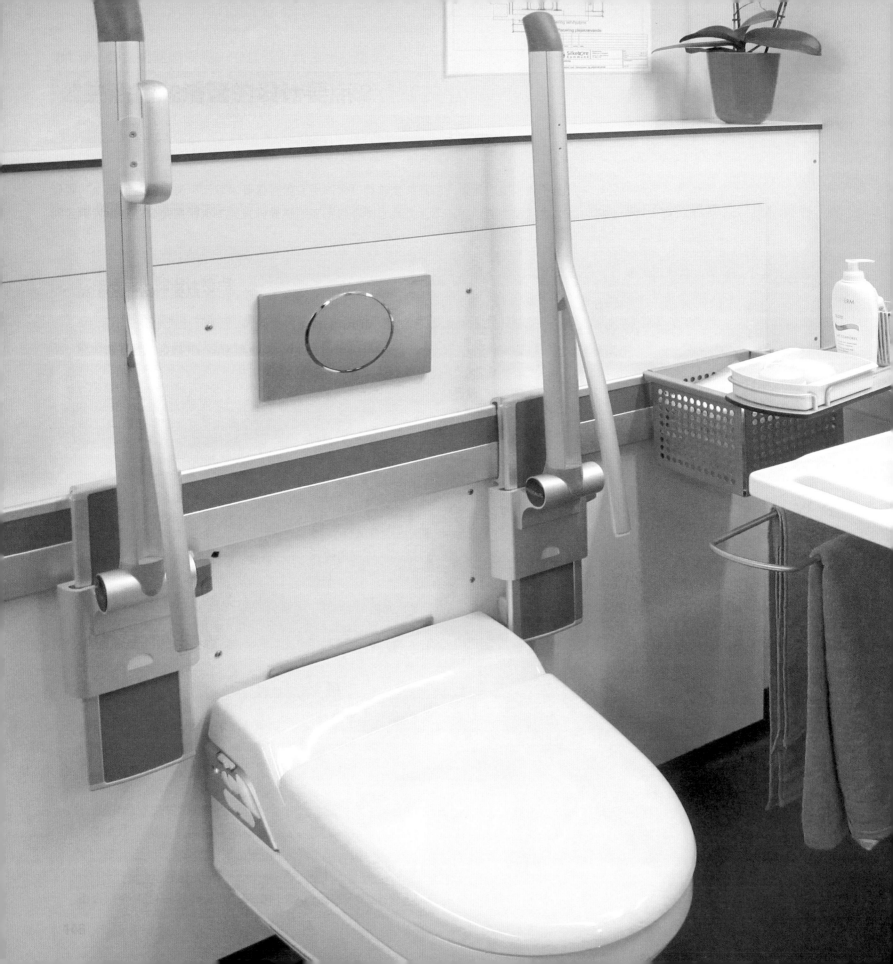

第6节
公共卫生间

公共卫生间的配置要求

公共卫生间的界定：本节探讨的是公共卫生间，不包括老人居室内的卫生间，有关老人居室内卫生间的内容可参见卷1，5-4节。

▶ 公共卫生间应按使用人群及需求进行配置

养老设施中的公共卫生间在设计时应先考虑是供哪些人使用的，从而再根据其需求确定卫生间的配置形式、设备数量。

▷ 公共区域须配置供老人、工作人员和外部人员使用的卫生间

一般来讲，养老设施的门厅、餐厅、公共活动空间等公共区域附近应配置公共卫生间，不仅是供老人和工作人员使用，也可供前来探望老人的亲属，以及参观、做志愿活动的外部人员等共用（图1.6.1）。由于使用人群比较多样，其设备设施的配置应满足多样化的需求。例如，宜采用坐便器与蹲便器结合的形式，供不同使用习惯的人群自由选择。由于使用者的不定性，最好每个厕位隔间都安装扶手，做好安全性设计。

图1.6.1　公共区域供各类人群使用的卫生间

▷ 护理组团公共起居厅附近宜配置公共卫生间

目前养老设施的老人居室内大多都已配置卫生间，但是一些设计中往往忽视在护理组团中设置公共卫生间。老人白天有较多时间都是在护理组团的公共起居厅活动，如果附近没有公共卫生间，老人需要如厕时就只能返回各自房间。由于老人的如厕需求往往较急且频繁，回房间使用卫生间不仅会给老人带来不便，也会增加护理人员的工作量。因此建议在组团公共起居厅附近设置公共卫生间，供老人临时使用。这类公共卫生间不必很大，例如，可采用独立的无障碍卫生间形式，这样男女老人、轮椅老人都可以使用（图1.6.2）。

此外，设计时还应关注护理组团中工作人员的如厕需求。一些设施的组团内没有配置公共卫生间，工作人员不得不使用老人居室内的卫生间，或离开工作岗位去较远处的卫生间，既对个人造成不便，也会给管理带来隐患。因此有条件的情况下，应当在护理组团中配置专供工作人员使用的公共卫生间。这类卫生间也无须很大，满足基本的如厕需求即可。如空间条件有限，也可与组团中的公共卫生间合用。

图1.6.2　护理组团中供老人使用的公共卫生间

公共卫生间的设置形式

▶ 可设置专门的独立无障碍卫生间

通常来说，公共卫生间会采用男女分设的多人卫生间的形式。在养老设施中，由于使用人群身体状况及使用方式的多样性，除采用多人卫生间的形式之外，还可设置一处或多处多功能的独立无障碍卫生间。

▷ 原因 1 ：不区分性别，兼具高效性及灵活性

目前一些设计会在男卫、女卫中分别设置无障碍厕位，以满足轮椅老人的使用需求。相比于这种做法，更推荐专门设置独立的无障碍卫生间（图 1.6.3）。尽管独立无障碍卫生间的空间要求比无障碍厕位更大一些，但由于不必分设男女，而且公共卫生间中无须再分别设置供轮椅老人使用的无障碍厕位，因此总面积亦能有所节约，使用也更高效。

在使用需求和人数不是很大量的情况下，例如护理组团中，可不必设置男女分设的多人卫生间，而宜采用独立无障碍卫生间的形式。例如在护理组团的公共区域，可设置 1~2 处独立无障碍卫生间，供老人就近使用。这样既能节约一定的面积，又具有使用的灵活性。

图 1.6.3　独立的无障碍卫生间示例

▷ 原因 2 ：可满足异性护理的需求

相比于分设在男女公共卫生间内的无障碍厕位，设置独立无障碍卫生间的另一好处是能满足护理人员是异性的情况下协助老人如厕的需求。目前国内养老设施中的护理员仍以女性居多，在协助男性老人如厕时就可使用独立的无障碍卫生间。当有异性家属或老人夫妇之间需要进行协助时，也会更加方便。

▷ 原因 3 ：可满足不同人群多样化的使用需求

除了方便老人和护理人员使用之外，独立无障碍卫生间还可为其他人员的使用带来便利。例如：为带婴幼儿前来探望老人的家属提供换尿布的场所，为义工及前来慰问老人的表演者提供临时更衣的场所等。

公共卫生间的常见问题与布置原则

▶ 公共卫生间布置的常见问题

▷ 厕位过度集中，且布局位置不佳

在调研中发现，一些养老设施的公共卫生间位置考虑不周，虽然面积很大，也根据规范要求设置了所需的厕位数量，但并未考虑近便使用的需求，其位置与主要活动空间距离较远，造成老人上厕所的动线过长（图 1.6.4）。

▷ 卫生间数量过多过密，造成空间浪费

有些设计中为了让老人使用近便，将公共卫生间布置得过于密集，且每个卫生间的面积较大，厕位数量较多，并没有得到充分利用，造成了空间的闲置和浪费。

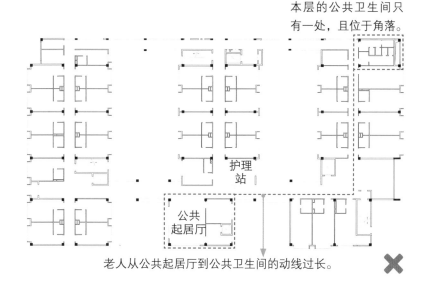

本层的公共卫生间只有一处，且位于角落。

护理站

公共起居厅

老人从公共起居厅到公共卫生间的动线过长。

图 1.6.4 公共卫生间布置的错误示例

▶ 公共卫生间的布置原则

原则一 分区均匀布置	公共卫生间应结合不同空间区域的使用需求，合理均匀布置，既要方便老人就近使用，又要避免设置得过于密集。每处卫生间面积不必很大，以免造成浪费。
原则二 就近主要公共空间	在人员密集、使用时间集中的公共活动空间附近，例如公共餐厅、多功能厅，应设有卫生间，且厕位数量应充足，以满足集中如厕的需求。在集中布置公共空间时，几个活动空间也可共用一处卫生间，以提高使用效率。
原则三 应对灵活管理需求	公共卫生间的布置还应考虑不同区域独立管理的需求。例如对于附设在养老设施中的日间照料中心、社区医疗站等，应为其配套专门的公共卫生间，避免与养老设施其他区域的使用人群和流线形成交叉。大型多功能厅、报告厅等有独立开放需求的空间也应设置配套卫生间。

公共卫生间的布置示例

▶ 公共卫生间的布置优化示例

以下案例从分区均匀布置、就近主要公共空间和应对灵活管理需求的原则出发，对原有卫生间布置方式进行了优化调整。

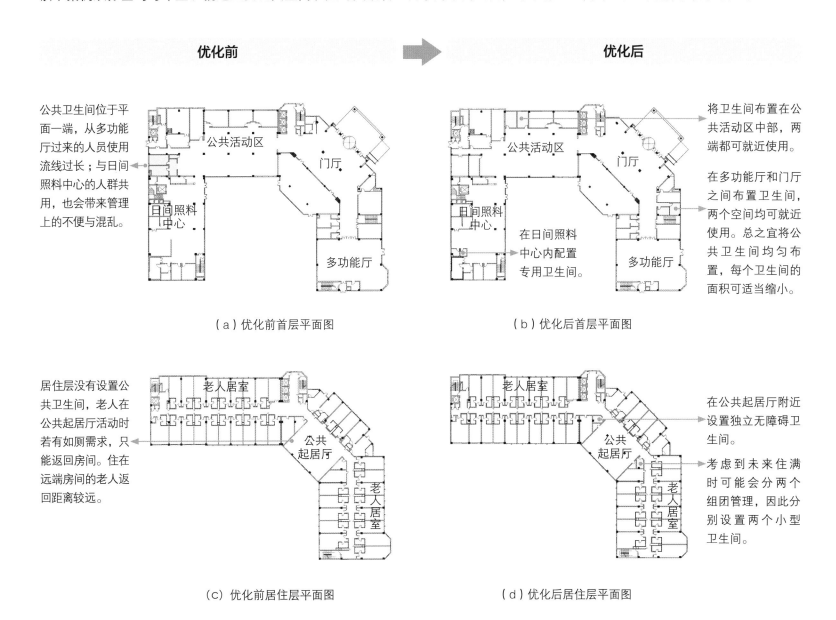

优化前　　　　　　　　　　　　　　　　　　　　优化后

公共卫生间位于平面一端，从多功能厅过来的人员使用流线过长；与日间照料中心的人群共用，也会带来管理上的不便与混乱。

将卫生间布置在公共活动区中部，两端都可就近使用。

在多功能厅和门厅之间布置卫生间，两个空间均可就近使用。总之宜将公共卫生间均匀布置，每个卫生间的面积可适当缩小。

在日间照料中心内配置专用卫生间。

（a）优化前首层平面图　　　　　　　（b）优化后首层平面图

居住层没有设置公共卫生间，老人在公共起居厅活动时若有如厕需求，只能返回房间。住在远端房间的老人返回距离较远。

在公共起居厅附近设置独立无障碍卫生间。

考虑到未来住满时可能会分两个组团管理，因此分别设置两个小型卫生间。

（c）优化前居住层平面图　　　　　　　（d）优化后居住层平面图

图 1.6.5　公共卫生间的布置方式优化示例

不同位置的公共卫生间设计示例

▶ 公共餐厅、公共活动区附近的公共卫生间

大中型公共餐厅及活动区的公共卫生间主要供老人集中就餐及活动时使用，可采用分设男女多人卫生间，再加独立无障碍卫生间的形式。

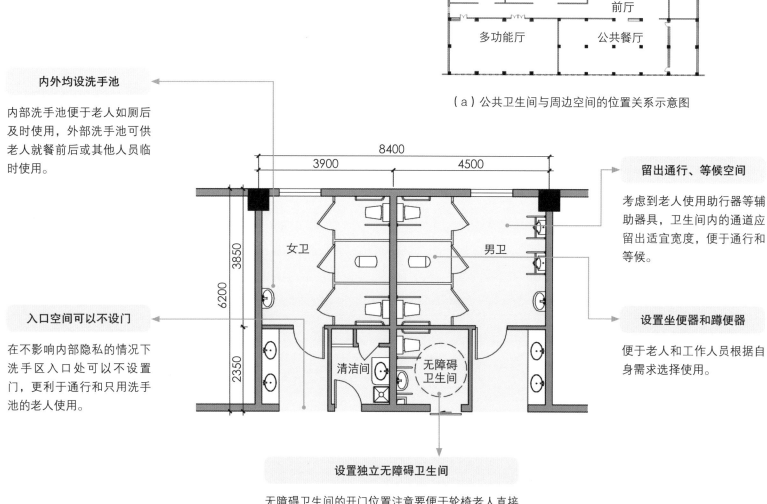

（a）公共卫生间与周边空间的位置关系示意图

内外均设洗手池

内部洗手池便于老人如厕后及时使用，外部洗手池可供老人就餐前后或其他人员临时使用。

留出通行、等候空间

考虑到老人使用助行器等辅助器具，卫生间内的通道应留出适宜宽度，便于通行和等候。

入口空间可以不设门

在不影响内部隐私的情况下洗手区入口处可以不设门，更利于通行和只用洗手池的老人使用。

设置坐便器和蹲便器

便于老人和工作人员根据自身需求选择使用。

设置独立无障碍卫生间

无障碍卫生间的开门位置注意要便于轮椅老人直接进出使用，减少对其他空间（如洗手区）的干扰。

（b）分为男女卫和无障碍卫生间的公共卫生间平面图

图 1.6.6 公共餐厅及活动区附近的卫生间示例

▶ 护理组团公共起居厅附近的公共卫生间

护理组团的公共卫生间主要供老人在公共起居厅活动时就近使用，可采用设置 1~2 处独立无障碍卫生间的形式。

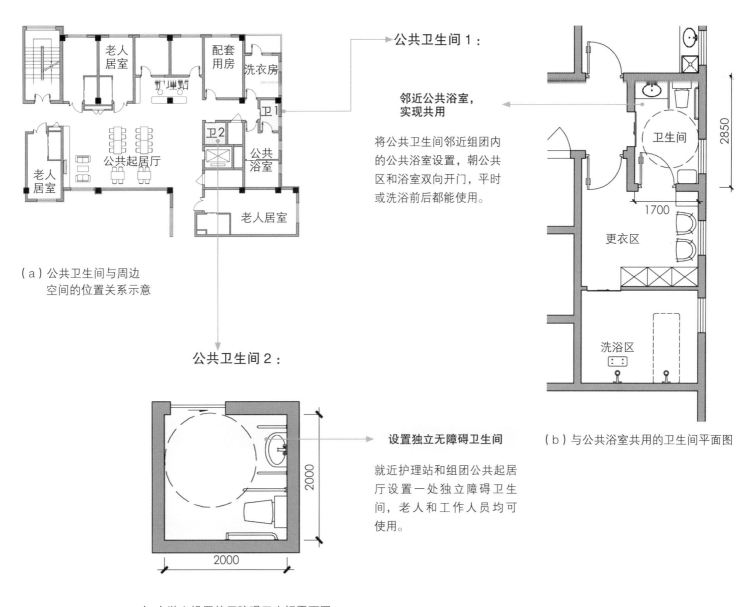

公共卫生间 1：

邻近公共浴室，实现共用

将公共卫生间邻近组团内的公共浴室设置，朝公共区和浴室双向开门，平时或洗浴前后都能使用。

（a）公共卫生间与周边
空间的位置关系示意

公共卫生间 2：

设置独立无障碍卫生间

就近护理站和组团公共起居厅设置一处独立障碍卫生间，老人和工作人员均可使用。

（b）与公共浴室共用的卫生间平面图

（c）独立设置的无障碍卫生间平面图

图 1.6.7　护理组团内的公共卫生间示例

各类公共卫生间平面布置示例

▶ **各类公共卫生间平面布置示例**

▷ **门厅附近的公共卫生间**

考虑到访客可能使用门厅附近的卫生间较多，除坐便器外,也设置蹲便器,以便根据习惯选用。

设置带有婴儿台的多功能无障碍卫生间，供带孩子前来看望老人的家属使用。

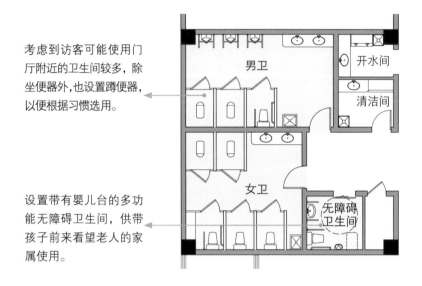

图 1.6.8　门厅附近的公共卫生间平面图

▷ **多功能厅附近的公共卫生间**

设置独立的无障碍卫生间,供乘轮椅者使用。

卫生间门前区域留出适当的缓冲过渡空间，以形成等候、停留区，以免人员集中使用时影响走廊的通行。

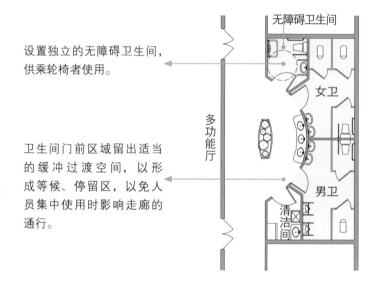

图 1.6.9　多功能厅附近的公共卫生间平面图

▷ **日间照料中心的公共卫生间**

独立的无障碍卫生间可作为男女公共卫生间的补充。其内部设置淋浴设施，需要时可作为小型淋浴间，以满足日间照料中心多种多样的使用需求。

图 1.6.10　日间照料中心的公共卫生间平面图

▷ **大型护理组团中的公共卫生间**

卫生间与组团内的公共浴室临近设置，使得用水空间集中。

卫生间除老人使用外，还会有护理人员使用，因此设置了不同的便器形式，以便选择。

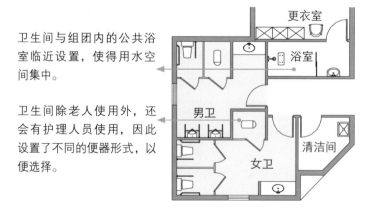

图 1.6.11　大型护理组团中的公共卫生间平面图

▷ 大型水疗空间附设的公共卫生间

卫生间内设置绿植区，营造更舒适宜人的使用环境。

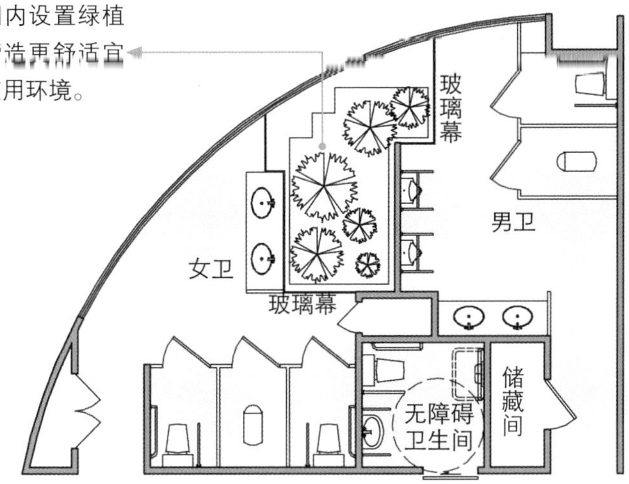

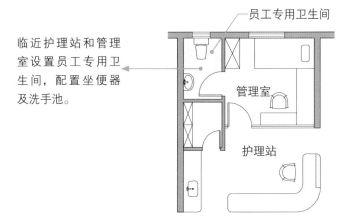

图 1.6.12　大型水疗空间附设的公共卫生间平面图 [1]

▷ 公共区域的多功能无障碍卫生间

配设婴儿台，供带孩子前来看望老人的家属为婴幼儿换尿布使用。

空间须满足乘轮椅者如厕、洗手使用。

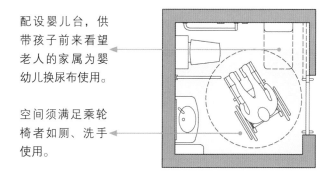

图 1.6.13　多功能无障碍卫生间平面图

▷ 护理站旁的员工专用卫生间

临近护理站和管理室设置员工专用卫生间，配置坐便器及洗手池。

图 1.6.14　护理站旁的员工专用卫生间平面图

▷ 员工宿舍区的卫生间

卫生间与宿舍区的盥洗空间和洗浴空间相邻设置，流线便捷。

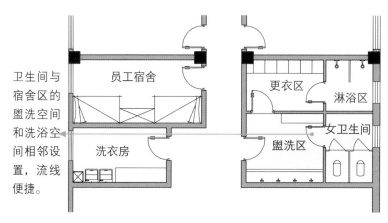

图 1.6.15　员工宿舍区的卫生间（含盥洗、淋浴区）平面图

1　参考自建筑设计资料集成（综合篇）（日），根据相关案例改绘。

公共卫生间内部空间设计要求

▶ 公共卫生间内部空间设计的考虑要素

公共卫生间设计应从功能、服务、环境多个角度进行考虑，既要保证老人使用的安全性，又要考虑护理人员协助的便利性。

方便不同身体条件的老人使用

空间设施应满足使用轮椅、助行器、拐杖的老人，以及不同侧偏瘫状况等各类身体条件的老人的使用需求。

考虑护理人员照护协助的需求

一些老人需要由护理人员协助他们如厕、洗手，空间设计应注意为护理人员的辅助操作留出余地。

兼顾私密性与安全性要求

应注意保护老人的隐私，同时也应便于护理人员观察到老人的状况，以确保老人的安全和及时给予帮助。

▶ 公共卫生间内部空间的常见设计问题

内部空间小，轮椅难以进入

蹲便器不利于老人安全使用

无障碍厕位隔间遮挡了采光窗

扶手安装方向错误

隔间较窄，护理员难以协助

洗手池形式及扶手设置不当

图 1.6.16 公共卫生间常见设计问题示例

如厕区空间设计要点

空间尺寸要求

▶ 不同使用情况下如厕区的空间尺寸要求[1]

一般的如厕区尺寸　　　**考虑护理人员协助操作的如厕区尺寸**　　　**考虑轮椅老人使用的如厕区尺寸**

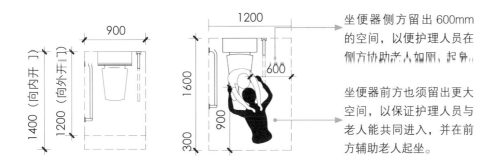

坐便器侧方留出 600mm 的空间，以便护理人员在侧方协助老人如厕、起身。

坐便器前方也须留出更大空间，以保证护理人员与老人能共同进入，并在前方辅助老人起坐。

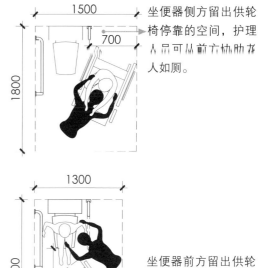

坐便器侧方留出供轮椅停靠的空间，护理人员可从前方协助老人如厕。

坐便器前方留出供轮椅停靠的空间，护理人员可从侧方协助老人如厕。

▷ 设置无障碍卫生间满足轮椅使用需求

尽管公共卫生间要满足轮椅老人的使用要求，但并不是要将卫生间的全部厕位都设计为供轮椅使用的无障碍厕位。这样会造成空间面积占用过多。可根据使用人群来灵活选择不同尺寸的隔间。对于轮椅老人而言，最好是使用专门的独立无障碍卫生间，这样也可以避免轮椅进出对公共卫生间的其他使用者带来干扰。

▷ 厕位隔间可采用软帘代替门，以方便进出和照护

调研中发现，许多养老设施的卫生间厕位都拆掉了隔间门。这是因为一方面，老人在推行助行器时不便于开关隔间门，而且门扇开启后也会影响站立和通行；另一方面，老人如厕时若发生意外，也不便于护理人员及时发现和施救。采用软帘代替隔间门，既能阻隔视线保证隐私，又利于老人进出和护理员协助。同时采用软帘作为空间的分隔方式，也能实现厕位内外空间的相互借用，方便轮椅进出和回转（图 1.6.17）。

图 1.6.17　卫生间厕位隔间采用软帘代替隔间门

1　参考自 TOTO 产品图册，http://www.catalabo.org/iportal/CatalogViewInterfaceStartUpAction.do?method=startUp&mode=PAGE&catalog CategoryId=&catalogId=31157380000&pageGroupId=&volumeID=CATALABO&designID=link。

如厕区扶手设计要点①
扶手的作用及常见形式

▶ **如厕区扶手的作用**

辅助老人如厕时起坐	协助保持身体平衡	帮助维持稳定坐姿

老人腰腿力量下降，如厕前后进行坐姿、站姿转换会有困难，需要借力抓扶。

老人穿脱裤子、擦拭等身体重心发生移动时，需要抓握扶手借力或支撑身体保持平衡。

偏瘫或身体虚弱的老人在如厕时难以长时间保持稳定的坐姿，需要扶手和靠背支撑。

  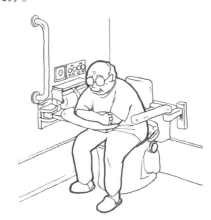

▶ **如厕区扶手的常见形式**

如厕区常见的扶手形式　　　　表 1.6.1

类别	L 形扶手	竖向扶手	斜向扶手	上翻式扶手	落地扶手
适用条件	坐便器侧方临靠墙体时，可在侧墙面安装 L 形扶手、斜向扶手或竖向扶手；墙体须为承重墙，或在墙体内部预先作好加固措施			坐便器临空侧，或侧墙不能承重时，适于安装上翻式扶手或落地扶手	
示例					

如厕区扶手设计要点②
安装位置及尺寸要求

▶ **如厕区扶手的安装位置及尺寸要求**

▷ **坐便器靠墙的情况**

在坐便器侧墙安装 L 形扶手，临空侧安装上翻式扶手。

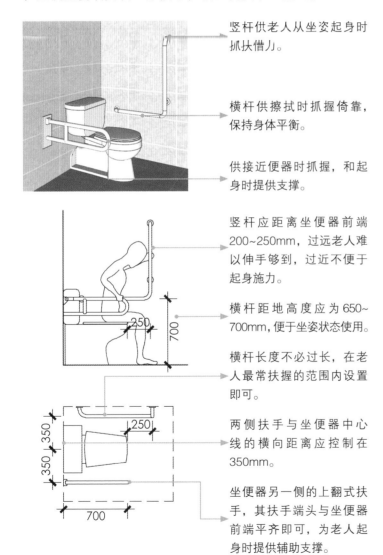

竖杆供老人从坐姿起身时抓扶借力。

横杆供擦拭时抓握倚靠，保持身体平衡。

供接近便器时抓握，和起身时提供支撑。

竖杆应距离坐便器前端200~250mm，过远老人难以伸手够到，过近不便于起身施力。

横杆距地高度应为650~700mm，便于坐姿状态使用。

横杆长度不必过长，在老人最常扶握的范围内设置即可。

两侧扶手与坐便器中心线的横向距离应控制在350mm。

坐便器另一侧的上翻式扶手，其扶手端头与坐便器前端平齐即可，为老人起身时提供辅助支撑。

图 1.6.18　坐便器靠墙时扶手安装要求示意图

▷ **坐便器两侧临空的情况**

在坐便器两侧安装落地扶手或上翻式扶手。

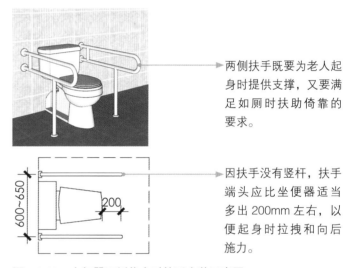

两侧扶手既要为老人起身时提供支撑，又要满足如厕时扶助倚靠的要求。

因扶手没有竖杆，扶手端头应比坐便器适当多出 200mm 左右，以便起身时拉拽和向后施力。

图 1.6.19　坐便器两侧临空时扶手安装示意图

▷ **坐便器前方有墙的情况**

在坐便器前方墙面安装横向扶手有利于起身。

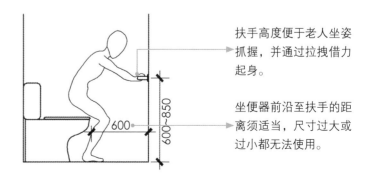

扶手高度便于老人坐姿抓握，并通过拉拽借力起身。

坐便器前沿至扶手的距离须适当，尺寸过大或过小都无法使用。

图 1.6.20　坐便器前方墙面扶手安装示意图

如厕区扶手设计要点③
扶手设计其他要求

▶ **如厕区扶手的其他形式及设计要点**

▷ **门侧可安装竖向扶手**

开启门扇时身体会进行相应的移动或退让，在门侧安装竖向扶手，可供腿脚不好的老人开关门时扶握，以保持身体的平衡（图1.6.21）。

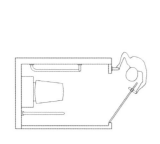
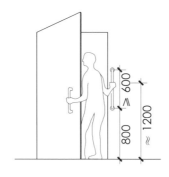

图 1.6.21　门侧设置竖向扶手的示意图

▷ **考虑左右利手及不同偏瘫侧老人的需求**

公共卫生间宜考虑设置左右方向不同的扶手，以满足不同身体施力侧老人的差异化需求（图1.6.22）。

图 1.6.22　厕位隔间分别设置左右侧扶手的示意图

▷ **采用竖向扶手 + 横向置物隔板的形式**

坐便器侧墙的扶手除了采用 L 形扶手的形式外，还可采用竖向扶手 + 横向隔板的形式。横向采用隔板可供老人直接用手掌撑扶，同时也可作为放置小件物品如水杯、手机的小台面（图1.6.23）。

图 1.6.23　竖向扶手 + 横向置物隔板的示意图

▷ **采用坐便器扶手架**

一些老人由于身体无力和疼痛等原因，如厕时难以保持稳定的坐姿体位，有可能从坐便器上滑落或侧倒。可采用坐便器扶手架，为老人提供后背及两侧的支撑，以维持稳定坐姿（图1.6.24）。

图 1.6.24　坐便器扶手架的示意图

如厕区其他设计要点

照明及设备要求

▶ 注意提供良好的照明

公共卫生间应提供均匀、充足的照明。调研发现，许多公共卫生间往往仅设置一处顶部照明灯具，隔间门又将部分光线遮挡，导致隔间内如厕环境十分昏暗，对老人的如厕造成人身隐患。

应保证卫生间整体的照度，并在厕位隔间内部和小便器上方加设照明灯具，保证如厕区的明亮，也有助于老人如厕时看清环境，并能及时观察排泄物的情况。

卫生间的整体照明难以照亮隔间内。　　隔间内部可设置灯具，作为补充照明。

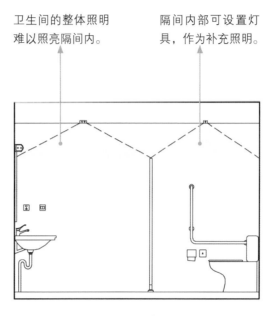

图 1.6.25　公共卫生间隔间内外均应设置照明灯具　　图 1.6.26　保证卫生间照度充足

▶ 紧急呼叫按钮及手纸盒的安装要求

如厕区还须考虑手纸盒及紧急呼叫按钮的安装需求。其位置通常设置在坐便器侧墙面，既要在老人伸手可及的范围内，又不应影响扶手的安装及使用。建议安装在扶手下方，避免抓握扶手时手肘误碰。

须注意呼叫器应保证老人在如厕时或因突发疾病摔倒后都能够到，可分设高低两个紧急呼叫器，或设置垂地的拉绳。

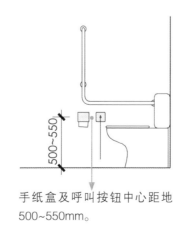

手纸盒及呼叫按钮中心距地500~550mm。

图 1.6.27　坐便器旁紧急呼叫按钮及手纸盒的位置示意图

盥洗区空间设计要点

空间尺寸要求

▶ 盥洗区的空间尺寸要求[1]

单个洗手池的空间尺寸

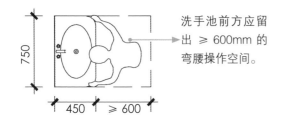

洗手池前方应留出 ≥ 600mm 的弯腰操作空间。

多个洗手池并排布置的空间尺寸

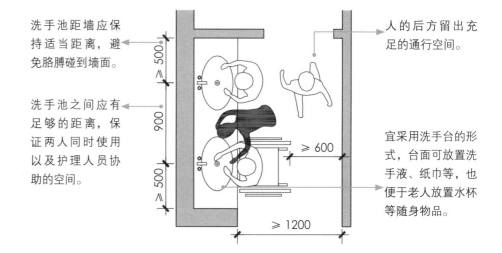

洗手池距墙应保持适当距离,避免胳膊碰到墙面。

洗手池之间应有足够的距离,保证两人同时使用以及护理人员协助的空间。

人的后方留出充足的通行空间。

宜采用洗手台的形式,台面可放置洗手液、纸巾等,也便于老人放置水杯等随身物品。

▶ 盥洗区应考虑轮椅老人的使用需求

公共卫生间的盥洗区主要是满足老人如厕及就餐前后洗手的需求,应保证包括轮椅老人在内的各类老人使用的方便性。

▷ 洗手台下部宜留空

公共卫生间洗手台下部应留出供轮椅老人腿部伸入的空间,以便轮椅老人能够接近洗手池(图 1.6.28)。

▷ 镜面高度不宜过高

镜子的安装位置应能够让坐在轮椅上的老人照全面部,同时保证洗手池的水不易溅到,通常镜面下沿距离地面900~1000mm 为宜。

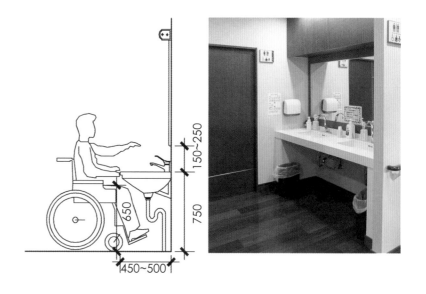

图 1.6.28 盥洗区洗手台下部留空尺寸及镜面安装位置示意图

1 参考自 TOTO 产品图册:http://www.catalabo.org/iportal/CatalogViewInterfaceStartUpAction.do?method=startUp&mode=PAGE&catalogCategoryId=&catalogId=31157380000&pageGroupId=&volumeID=CATALABO&designID=link。

盥洗区扶手设计要点

▶ 盥洗区扶手的设计误区

调研发现，许多养老设施的盥洗区都按照无障碍设计的要求安装了扶手，但一些设计不当的扶手形式反而对老人的使用造成了障碍（图 1.6.29）。

无障碍设计规范中的一些扶手是供残障人使用的（例如供肢残者洗手时支撑或倚靠身体），老人的需求与残疾人有所不同，养老设施盥洗区的扶手主要是供轮椅老人抓握借力以接近洗手池或洗手台，因而在设计时会有所差异。

扶手阻碍了轮椅老人接近和操作水龙头，对正常使用者也造成不便。

图 1.6.29 盥洗区扶手设置形式不当，给使用带来障碍

▶ 盥洗区扶手的安装位置及尺寸要求

应注意洗手池两侧扶手的间距，以及扶手突出台面边沿的长度（图 1.6.30）。

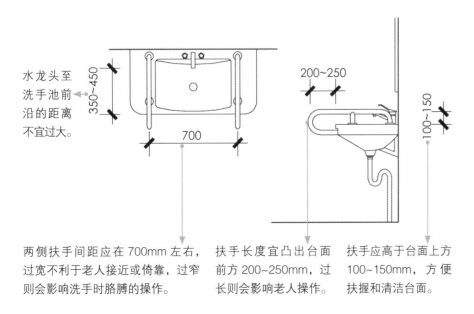

水龙头至洗手池前沿的距离不宜过大。

350~450

700

200~250

100~150

两侧扶手间距应在 700mm 左右，过宽不利于老人接近或倚靠，过窄则会影响洗手时胳膊的操作。

扶手长度宜凸出台面前方 200~250mm，过长则会影响老人操作。

扶手应高于台面上方 100~150mm，方便扶握和清洁台面。

图 1.6.30 盥洗区扶手安装示意图

公共卫生间设计案例

▶ **设计案例分析（如厕区）**

采用上翻式扶手

坐便器临空侧安装上翻式扶手，扶手放下时可供老人撑扶，上翻后可为护理人员的服务留出侧方空间。

墙面安装操作面板

智能便座操作面板设置在侧墙上，方便老人看清和操作。

加设靠背

坐便器后加设靠背，为老人保持长时间稳定坐姿提供倚靠支撑。

采用 L 形扶手

靠墙侧安装 L 形扶手，老人如厕时可撑扶，起身时可抓握借力。

设置紧急呼叫器

位于坐便器侧前方，老人需要帮助或出现紧急情况时，可触按求救。

设置手纸盒

安装在坐便器前方伸手可及的位置，且不会对扶手的使用构成障碍。

图 1.6.31　公共卫生间如厕区设计案例分析

▶ **设计案例分析（盥洗区）**

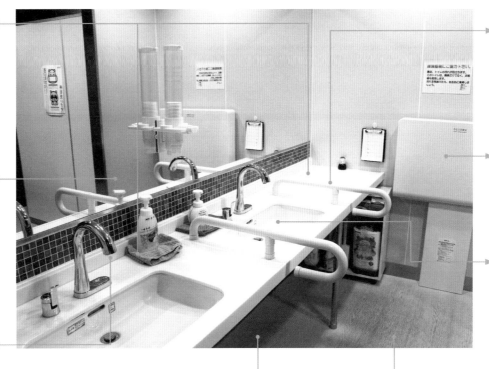

台面可供置物

台面可供放置洗手液等物品。盥洗台远端留出充足台面，老人可临时搁置个人物品，不用担心被打湿。

镜子高度适宜

镜子高度兼顾轮椅使用者及站立者的使用需求，且下沿距离台面一定距离，防止被水溅湿。

水龙头选型恰当

采用鹅颈式高龙头，老人洗脸洗手时可不用过于弯腰，也便于冲洗杯具等。

设置一处带扶手的洗手池

供轮椅老人接近使用，其他洗手池可不必设置扶手。

设置婴儿台

供带孩子看望老人的家属为婴儿换尿布使用。

采用大而浅的洗手池

可为台面下部留出更充足的净高，以便轮椅伸入，洗手池较宽也可防止坐姿洗手时水沿小臂流下而弄湿衣物。

盥洗台下部留空

便于轮椅接近使用，同时也可放置可移动的储物架、垃圾桶等，增加使用的灵活性。

地面材质防滑易打扫

采用防滑且易于清扫的铺地材料，避免老人因地面湿滑而摔倒。

图 1.6.32 公共卫生间盥洗区设计案例分析

第7节
公共浴室

公共浴室的特点与设计原则

▶ 公共浴室的重要性

公共洗浴空间是养老设施建筑的重要功能组成部分。老年人随着年龄增长，越来越难以独立完成洗浴的相关操作。因此养老设施中需要配置公共洗浴空间，以便老人在护理服务人员帮助下进行日常洗浴。

▶ 公共浴室的特点

有别于老人居室内的卫生间，公共浴室是指设施中供老年人共用的，进行日常洗浴或康体放松类洗浴活动的空间。

尽管老人居室中的卫生间通常也设有洗浴设施，但公共浴室空间通常更加宽敞，可满足不同身体情况的老人以站姿、坐姿、卧姿等方式入浴。公共浴室中还可设置各类助浴设备，使老人的洗浴更加安全、舒适，也方便多位护理人员协作帮助老人洗浴，减轻工作负担，降低护理风险。

图 1.7.1　公共浴室空间方便多个护理人员配合操作，并可借助各类助浴设备，为老人提供更加舒适、安心的洗浴体验

▶ 公共浴室的设计原则

原则一　满足不同老人的洗浴需求	由于身体条件、自理能力不同，老人更衣、洗浴时会有站姿、坐姿、卧姿等不同姿势，空间设计应保证灵活适用。
原则二　保证洗浴过程的安全舒适	洗浴空间通常地面较为湿滑，且须使用热水，因此要特别注意安全性设计，避免老人滑倒、烫伤，并保证在紧急情况下护理人员能及时提供救助。同时，室内温度、湿度的控制也十分重要，过低的温度易使老人着凉，过于湿热则可能使老人感到憋闷气短。因此，需要设置加温、排气的设备。
原则三　方便护理人员的助浴工作	公共浴室设计须考虑到护理人员协助老人更衣、洗浴时所需的空间。同时，动线设计、视线设计、功能布局、人体工学设计等方面应尽可能考虑减轻护理人员负担，促进彼此协助，提高工作效率。
原则四　适应专业设施设备的使用	随着时代发展，越来越多的专业助浴设备，如浴椅、机械浴缸等，正逐步得到广泛使用，设计时也要考虑设备的使用方式并留出需要的空间尺寸，即便暂不安装，也要为未来安装该类设备预留上下水和电源插座。

公共浴室设计的常见问题

▶ 浴室规模设置不当

调研发现，一些养老设施中的公共浴室面积过大、浴位过多，许多更衣柜、浴位长期闲置。这是由于护理组团中，老人一般须在护理人员协助下、按照一定顺序在公共浴室洗浴。组团中护理人员数量是有限的，因此能够同时护理洗浴的老人数量也是有限的，浴位设置过多会造成空间和资源的浪费。

图 1.7.2　护理组团公共浴室中的更衣柜、浴位过多，造成浪费

▶ 未考虑助浴所需空间

一些设计人员对老人洗浴流程、护理员助浴工作不够了解，设计时往往忽略卧床和轮椅老人的通行及护理人员助浴所需要的空间。例如图 1.7.3 中，由于浴室入口过小，且浴床推行流线曲折，卧床老人难以被推入浴室。又如调研中看到，一些浴室中用墙体分隔单个淋浴位，且间隔尺寸较小，导致护理人员助浴空间狭小，操作不便（图 1.7.4）。

▶ 存在安全隐患

一些养老设施中，公共浴室设计观感豪华，却忽略了基本的安全性设计。例如，一些养老设施中设置了游泳池，但仍沿用普通泳池的爬梯，而未设缓步台阶，老人出入水时较为困难，存在安全隐患（图 1.7.5）。又如，一些综合型浴室中设置了泡浴池，但由于扶手、台阶设置不到位，老人进出时很容易因重心不稳失去平衡而摔倒。

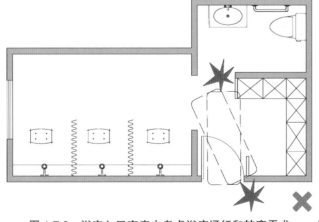

图 1.7.3　浴室入口宽度未考虑浴床通行和转弯需求

图 1.7.4　浴位空间被分隔墙划分得过小，护理人员助浴不便

图 1.7.5　游泳池采用普通爬梯，老人进出泳池困难

图 1.7.6　泡池进出处设置坡道过陡，老人容易滑倒

公共浴室的常见类型

▶ 公共浴室的配置原则

当接收失能老人或居室卫生间空间有限时，养老设施中会设置公共浴室。根据规模与功能的不同，公共浴室大致可划分为三类。当老人自理能力较差时，一般可在护理组团中配置小型公共浴室，便于老人就近洗浴；也可集中设置中型公共浴室，满足部分老人的助浴需求；有条件时，还可设置综合型浴场，满足老人游泳、泡浴等多样化的洗浴需求。

▶ 常见的三类公共浴室及其规模特点

公共浴室的常见类型　　　　　　　　　　　　　　　　　　表 1.7.1

类别	规模及特点	典型平面及实例照片	
小型公共浴室	洗浴人数：1~2 人 使用面积：15~40m² 特点： • 通常配合中小规模护理组团设置； • 便于组团内老人就近洗浴； • 私密感好，亲切、温馨	 洗浴区　更衣区	
中型公共浴室	洗浴人数：3~6 人 使用面积：40~80m² 特点： • 通常在中小型养老设施集中配置，可分男女浴室，也可只设一处分时使用； • 空间更大，功能更加丰富、综合，可配置更多助浴设备；有条件时，还可增设泡浴空间	 露台兼晾晒空间　洗涤储藏空间　机械助浴室　泡浴空间　更衣区　更衣区	
综合型浴场[1]	洗浴人数：供较多人同时使用 使用面积：根据泳池尺寸、泡浴功能多样性而定，多为数百至上千平方米 特点： • 一般在健康老人较多的养老设施中设置，通常位于首层或地下一层； • 设置康复理疗洗浴功能，还可设游泳池、水疗区，兼具健身、娱乐性； • 由于规模较大，也可对外开放，实现多元化经营，提高浴场利用率	 机械助浴　水疗池　泳池　更衣洗浴室　康复室	

1　平面图改绘自：American Institute of Architects. AIA Design for Aging Review 4 [M]. Australia: Images, 2006.

公共浴室的功能空间构成与流线设计

▶ 确定公共浴室功能布局的思路

进行公共浴室设计时首先要明确浴室类型和服务对象，然后需要确定功能空间配置需求，再结合老人及护理人员的洗浴、助浴流程，安排各功能空间之间的流线关系，从而实现高效、适用的功能布局。

▶ 功能空间构成

如图 1.7.7，根据功能的必要性，可将公共浴室相关的功能空间分为基本空间和增设空间。其中，基本空间是指与老人洗浴活动最紧密相关的空间，以及护理人员助浴、打扫等一系列工作所需的后勤辅助空间。增设空间是指条件允许时，可附加设置的适合老人使用的康体健身、休闲交往类空间，如泡浴空间、游泳池、搓澡按摩空间、茶吧等，能使洗浴活动内容更加丰富。

基本空间	增设空间
1. 前室	1. 泡浴空间
2. 吹发盥洗区	2. 游泳池
3. 更衣区	3. 搓澡 / 按摩空间
4. 洗浴区	4. 理发美容空间
5. 如厕区	5. 等候 / 休息空间
6. 后勤辅助区	

图 1.7.7 浴室的基本功能空间与增设功能空间

▶ 洗浴及助浴流线

须护理的老人通常需要护理人员协助洗浴。因此，公共浴室的功能流线设计须综合考虑老人洗浴流程和护理人员助浴流程，要同时满足两类人群对空间的需求。助浴是较为繁重的护理工作，但助浴流线设计往往容易被忽略，特别是助浴前的准备、助浴后的清洁打扫等工作动线设计。浴室空间设计应尽可能缩短护理人员的工作动线，帮助护理人员提高工作效率，省时省力地完成助浴和打扫卫生的工作。

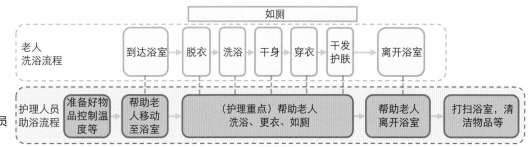

图 1.7.8 老人洗浴及护理员助浴的一般流程

公共浴室的功能布局与流线设计

▶ **基本功能布局**

确定功能空间配置后，可根据老人与护理人员的流线进行公共浴室的功能布局。如图 1.7.9，可按照老人洗浴顺序依次布置各个洗浴功能空间，工作人员的后勤辅助空间则可根据操作位置就近布置。

有条件时可设置露台，便于就近晾晒毛巾、衣物、浴椅和护理人员助浴的工作服等。此外，设置露台也有利于浴室的通风采光。

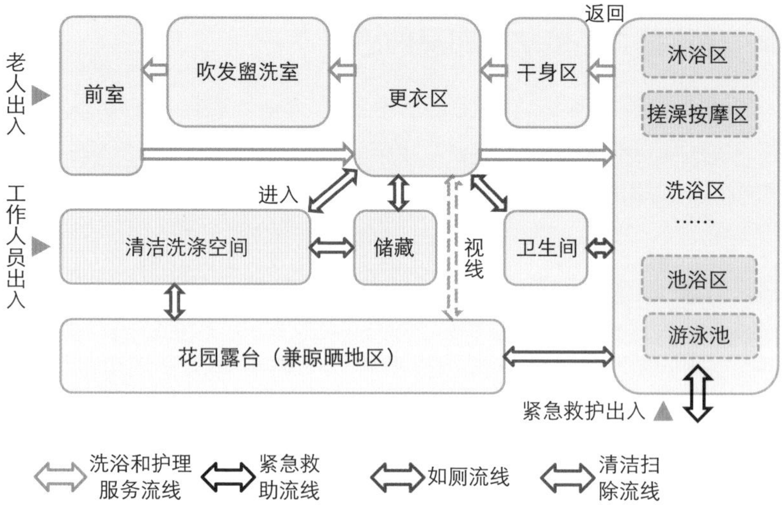

▶ **需要特殊考虑的问题**

图 1.7.9　公共浴室的基本功能布局

▷ **为轮椅老人和卧床老人留出便捷的洗浴流线**

考虑到轮椅、浴床等设备出入、通行的便利性，应尽量将轮椅老人或卧床老人使用的空间布置在出入便捷的位置，并留出相对稳定的更衣、洗浴空间。可在更衣区、洗浴区分别设置门及浴帘，以保证洗浴区的私密性。

▷ **预留紧急通道**

在洗浴过程中，浴室的高温高湿环境容易诱发心脑血管疾病。因此在考虑浴室的平面布局时，最好能够预留从洗浴区直接通向浴室外的急救通道，以便在发生紧急情况时，能够保证急救人员快速进入浴室施救。

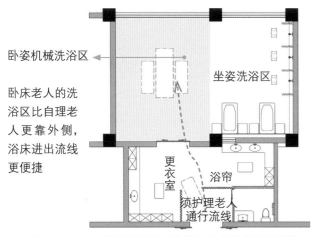

图 1.7.10　空间布局须考虑轮椅和浴床进出的便利性

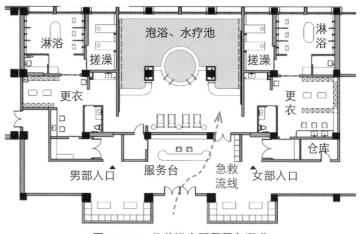

图 1.7.11　公共浴室预留紧急通道

小型公共浴室的功能布局

▶ 小型公共浴室的布局要点

小型公共浴室主要布置于中小规模的护理组团中，可通过男女分时使用，提高空间利用率，并可结合组团中的其他辅助服务空间共同布置。

▶ 小型公共浴室平面分析

洗浴区

设置淋浴，也可设置浴缸，为有需要的老人提供助浴空间，须具有良好的通风采光条件。

更衣区

布置存衣柜及座凳，柜格不必过多，空间须具有私密性、安定感。

吹发盥洗区

配备洗手池镜子和电源，便于老人梳洗、吹发，老人浴后也能够在此缓冲、休息。

前室

设置软帘遮挡外部视线，同时不阻碍轮椅、浴床等代步工具通行。

清洁用具收纳区

浴室须经常打扫，可就近设置清洁用具收纳区，并临近设置用水点，便于护理人员就近拿取工具，进行清洁作业。

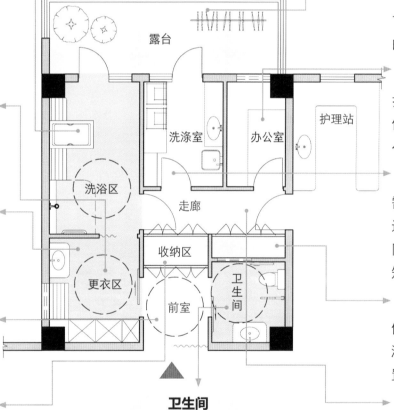

卫生间

卫生间入口结合浴室前室布置，可作为组团公共卫生间使用。内部空间须满足轮椅老人的无障碍使用需求。

衣物晾晒区

可就近洗涤室、洗浴区设置晾晒区，缩短衣物晾晒流线。

护理办公空间

护理站与公共浴室临近布置，方便护理站的工作人员在必要时到公共浴室协助洗浴工作。

洗涤室

需要良好通风。宜与洗浴区就近设置，便于收集待洗衣物，同时临近晾晒、储藏区，形成短捷的"收 – 洗 – 晾 – 储"流线。

储藏区

储藏区应设置在通风良好，与潮湿的洗浴区适度分离的位置，以保持衣物干燥。

内部走廊

洗浴区内设服务走廊，联系护理办公空间、洗涤室、浴室与储藏区，便于护理人员彼此协作，缩短服务流线。

图 1.7.12　小型公共浴室平面分析图

109

中型公共浴室的功能布局

▶ 中型公共浴室的布局要点

相对小型公共浴室而言，中型公共浴室规模相对更大，可以配置按摩池、泡池等康体服务空间，以满足不同老人的需求。中型公共浴室一般需要分性别设置，同时适度增大同时洗浴的人数容量。此外还可设置美发室、按摩室等功能用房。

▶ 中型公共浴室平面分析

按摩室

根据入住老人的需求，可在洗浴区附近增设按摩室，设置单独出入口，既便于老人在洗浴前后按摩放松，又要便于只来按摩的老人到达使用。

美发室

理发、美容空间可设置在公共浴室附近，并靠近走廊或公共活动空间，既与洗浴空间保持近便的联系，又具有一定的开放性。

更衣区

由于老人身体较虚弱，因此更衣区需要宽敞、安定、干燥，并维持适宜的温度。

洗浴区

可设置淋浴区、浴池，为不同身体条件的老人提供适宜的洗浴空间。还可设置搓澡床，满足老人多样化的洗浴需求。

吹发盥洗区

宜留出一定的台面、镜面供多位老人同时进行吹发、涂护肤品、整理衣物等操作。

前室

男女浴室前室分开设置，保证更衣区的私密性。

如厕区

在洗浴区和更衣区之间设置卫生间，方便两区域老人就近使用。

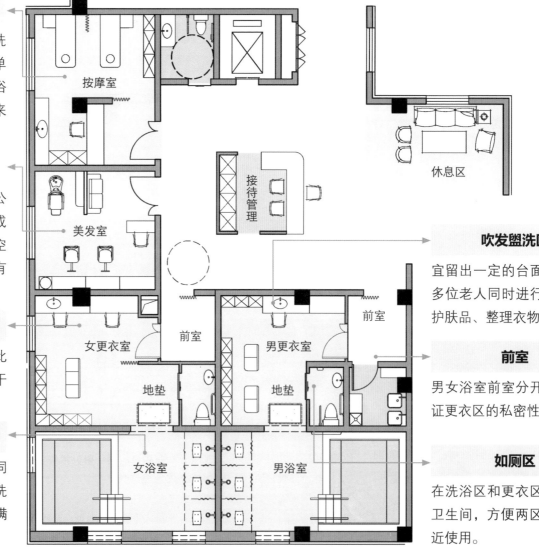

图 1.7.13 中型公共浴室平面分析图

综合型浴场的功能布局

▶ 综合型浴场的布局要点

综合型浴场一般是指在常规洗浴功能之外，还附加游泳、温泉、水疗等康乐健身功能的空间。综合型浴场通常规模较大，因此功能空间布局应尽可能紧凑，使老人能够便捷地到达各洗浴功能区；各功能区须就近设置休息、服务区，以便及时为老人提供各类服务支持。

▶ 综合型浴场功能空间构成

前厅接待区

位于浴室出入口，在明显位置设置服务台，方便服务人员接待和引导人流，此外可结合服务台设置茶水供应、洗浴用品售卖等功能。接待区还可设置老人换鞋、存包的空间，以及一定的等候休息空间。

吹发盥洗区

主要指老人洗浴后吹干头发、擦护肤品、整理衣装的空间。如浴场使用人数较多，则需要布置多套吹风机、水池、镜子等吹发盥洗设施。

淋浴区

指老人游泳、泡浴前后淋浴、冲洗身体的区域，应注意干湿分区，避免将水带到其他区域。

泳池

泳池受到活力老人的普遍欢迎。当空间紧张时，可适度缩短泳池长度。有条件时还可设置儿童戏水池，促进老人与儿童的互动。

更衣区

老人更衣的区域应注意隐私保护，可设置带扶手的储物柜、长条座凳等。

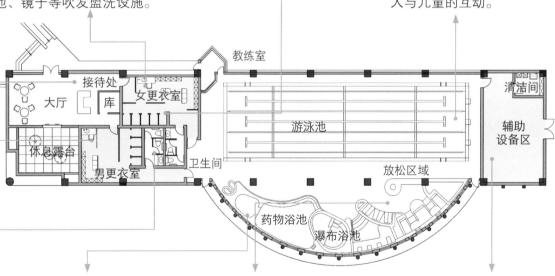

卫生间

设置于更衣区与游泳泡浴区之间，满足老人洗浴、泡浴、游泳过程中就近如厕的需求。

泡浴空间

为老人提供多功能泡浴的区域，如按摩池、蒸汽浴室、各类温泉池等，增加洗浴的趣味性。

休息等候区

在泳池附近设置座椅区，供老人在泡浴、游泳活动间隙休息、交往、等候。

辅助设备区

包括储藏间、清洁间等后勤辅助空间及各类设备用房。

图 1.7.14 综合型浴场平面分析图

公共浴室前室和休息厅的设计要点

▶ 前室的设计要点

前室是设在浴室出入口的缓冲空间，起到遮挡外部视线、保证浴室私密性的作用。前室入口、挡墙的合理布置非常重要，既要保证门扇开启时能够遮挡视线，又要保证轮椅、浴床进出顺畅，同时还要占用尽可能少的空间。

▷ 避免外部视线看到更衣洗浴区

在进行前室平面设计时，应充分考虑各种可能的外部视线角度，通过设置墙垛或拉帘，保证更衣洗浴区的私密性。

▷ 兼顾方便轮椅、浴床通行

供轮椅老人、卧床老人使用的浴室前室不宜设置过多挡墙，以避免阻碍轮椅、浴床等设备的通行，可采用软帘或推拉门，以兼顾私密性与通行的便利性。轮椅通行时须保证入口净宽不低于800mm，浴床通行时则须保证净宽不低于1000mm。

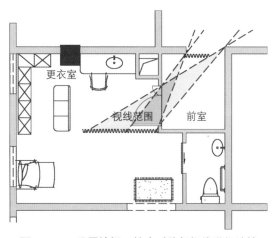

图 1.7.15　设置墙垛、拉帘对外部视线进行遮挡

图 1.7.16　设置软帘或推拉门以便于轮椅、浴床等设备通行

▶ 休息厅的设计要点

老人洗浴前后通常有整理物品、等候同伴、饮水、休息等方面的需求，因此需要设置休息厅作为缓冲空间和老人的交流空间。为保证空间舒适度，休息厅宜具有良好的通风采光条件。此外，休息区应与服务台保持直接的视线联系，以便服务人员及时了解老人的需求，提供必要的帮助。

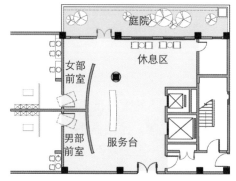

图 1.7.17　大型浴场前室与服务台、休息等候区结合设置

图 1.7.18　空间有限时，可通过设置屏风分隔出休息区

公共浴室吹发盥洗区的设计要点

▶ **吹发盥洗区的功能作用**

吹发盥洗区是洗浴前后老人进行仪表整理的重要空间，老人可在此吹发、擦护肤品、洗手、小憩等，大型浴室可将吹发盥洗独立设置，中小型浴室可将吹发盥洗区与前室合设。在一些养老设施当中，吹发盥洗区还可兼做理发室。

▶ **不同身体条件老人所需的吹发盥洗空间尺寸**

不同身体条件的老人对吹发盥洗空间的需求不同。如图 1.7.19，自理老人可自主以坐姿或站姿完成吹发、盥洗操作，而轮椅老人通常需要他人协助，因此须留有轮椅回转和辅助操作空间。此外，体弱的老人可能在躺椅或浴床上完成吹发护肤操作，需要更宽敞的空间。设计时应根据浴室的使用人群与功能定位，留出适宜的空间。

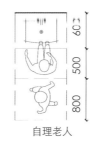
自理老人　　乘坐轮椅老人

图 1.7.19　不同身体状况老人吹发盥洗区的空间尺寸示意

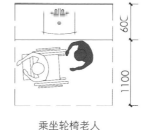

图 1.7.20　小型公共浴室吹发盥洗区设计示例

▶ **吹发盥洗区的设计要点**

设置镜子方便老人吹发、护肤和整理仪容，镜子下缘距地不应高于 1100mm，以便老人坐姿使用。

在镜边台面上方配置插座，便于老人使用吹风机、剃须刀等小电器。

吹发盥洗台应提供充足的台面，以放置吹风机、护肤品、棉签等用品。

台面下部留空高度不低于 650mm，便于老人坐下时将腿部插入。

设置镜前灯，照亮老人面部，高度宜距地 2000mm 左右。

两个盥洗池中心距离不宜小于 900mm，避免老人吹发盥洗动作的相互影响。

台面前方留出足够空间，方便护理人员为体弱老人在躺椅上进行吹发盥洗操作。

提供座椅，便于老人坐姿进行吹发、盥洗操作，座椅形式应便于抽出和移动。

座椅后方通道宽度不应小于800mm，以保证人员的顺利通行。

图 1.7.21　综合型浴室吹发盥洗区示例

公共浴室更衣区的设计要点①

坐姿更衣区

▶ 更衣区的功能作用

更衣区是老人洗浴前后脱衣、穿衣的区域，设计时应根据老人的身体条件和更衣状况合理配置坐具及存衣柜。

▶ 坐姿更衣的空间需求

▷ 乘坐轮椅的老人

乘坐轮椅的老人脱衣后需要从轮椅转移到带轮的浴椅上进行洗浴，洗浴结束后，须擦干并移回轮椅。因此更衣区应留出护理人员协助老人站起、移乘的空间。可通过设置扶手、台面，方便老人自主借力站起，同时也能节省护理人员的体力。

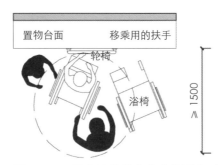

图 1.7.22　乘坐轮椅的老人坐姿更衣时所需要的空间尺寸

▷ 自理老人

自理老人能够自主起坐、穿衣，可设置不带靠背的更衣座凳，并在局部设置扶手，为老人起坐提供支撑。

存衣柜与座凳间须留出足够的空间，以便于老人伸腿、穿裤子。

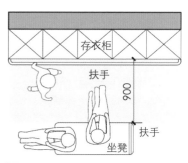

图 1.7.23
自理老人更衣时所需要的空间尺寸

▶ 坐姿更衣区的设计要点

存衣柜可采用开敞格，方便老人更衣或护理人员协助老人更衣时取放衣物。

轮椅老人使用的柜格顶面高度不宜超过 1400mm。

老人衣物一般以叠放为主，可设置多层隔板，便于立体利用空间。

可在存衣柜中部设横向扶手，便于老人起身借力，扶手距地高度宜为 750~850mm。

下部柜不便于老人使用，可储藏季节性或不太常用的公共用品。

图 1.7.24　小型公共浴室坐姿更衣区设计示例

更衣柜附近设置盥洗台，便于老人更衣前后使用水池和台面。

更衣柜下部留空，便于老人存放鞋子。

更衣座凳宜为长条形，方便老人放置衣物。座凳须轻便可移动，当有轮椅老人更衣时可搬走。

图 1.7.25　中型公共浴室坐姿更衣区设计示例

公共浴室更衣区的设计要点②
卧姿更衣区

▶ **卧姿更衣的空间需求**

部分老人身体较为虚弱，无法长时间保持坐姿，需要卧姿更衣，因此卧姿更衣空间设计需要考虑留出更衣床的位置。

更衣床须至少三面临空，便于两位及以上护理人员合作完成老人在浴床和更衣床间的移乘操作，帮助老人进行擦身、更衣、吹发等操作。

图 1.7.26　公共浴室中常需要设置防水沙发、更衣床，满足老人卧姿更衣需要

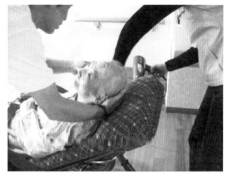
图 1.7.27　卧姿更衣空间须考虑多人共同协助老人更衣、吹发的需求

▶ **卧姿更衣区的设计要点**

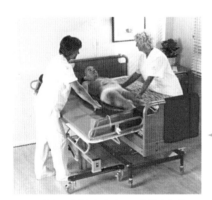
更衣床一侧留出移乘至浴床的空间[1]

床侧留出走道便于护理人员帮助老人更衣

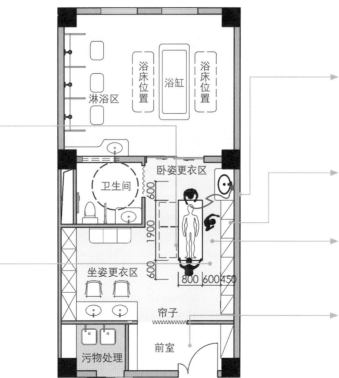
图 1.7.28　卧姿更衣空间设计示例

卧姿更衣区附近应有 1~2 处插座，以便使用吹风机等电器。
更衣床临近盥洗区，方便护理人员帮助老人吹发。

护理人员操作位置附近应设有置物空间，便于护理人员顺手取放物品。

更衣床四面临空，便于多位护理人员从不同角度进行操作；更衣床长边平行于墙面，减少占地。

卧姿更衣区应临近主入口，便于移乘用床的进出。

1　图片来自日本综合福祉一アビリティーズ・ケアネット株式会社网站 https://www.abilities.jp/fukushi_kaigo_kiki/bath/3038-20，厂商 ARJO。

公共浴室洗浴区的设计要点①

淋浴区

▶ 洗浴区的功能作用

洗浴区是公共浴室的核心功能空间，可按照洗浴方式的不同，划分为**淋浴区**、**盆浴区**、**机械助浴区**、**泡池区**等。目前我国养老设施中，淋浴是最主要的洗浴方式。

▶ 不同身体条件老人所需的淋浴区空间尺寸

随着年龄的增长，老人的肌肉力量、平衡能力等各项身体机能都会出现不同程度的衰退，越来越难以长时间保持站姿，因而更适合采用坐姿甚至卧姿入浴。为了使老人能顺利完成洗浴，必须配合老人的入浴姿态选择相应的助浴设备和护理方式。坐姿、卧姿洗浴对空间设计要求较为特殊，须同时考虑老人洗浴、护理人员助浴，以及浴椅、淋浴用轮椅、浴床等设备的移动回转的空间需求。

▷ 坐姿入浴

淋浴凳应可移动，不宜固定在墙面或地面上，以方便老人根据需要调整坐下的位置。乘坐轮椅的老人还可能需要使用淋浴用轮椅，因此淋浴区也须考虑浴椅回转的空间需求。

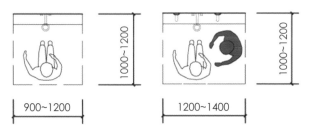

图 1.7.29 坐姿入浴淋浴区所需要的空间尺寸

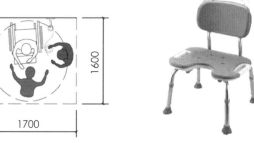

图 1.7.30 淋浴凳[1]

图 1.7.31 淋浴用轮椅[2]

▷ 卧姿入浴

身体虚弱的卧床老人须使用浴床，浴床兼顾转移和承载老人洗浴的功能，便于护理人员助浴。

淋浴区须满足浴床回转的空间需求，并尽量保证淋浴时老人身体两侧及头部方向临空，以便护理人员帮助老人清洗身体的各部位。应设置配有长软管的手持喷头，以便护理人员操作时水流能到达老人全身。

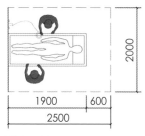

图 1.7.32
卧姿入浴淋浴区所需要的空间尺寸及浴床回转尺寸

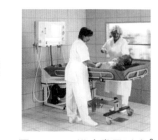

图 1.7.33 浴床常见形式[3]

1、2 图片来自网络。
3 图片来自日本综合福祉—アビリティーズ・ケアネット株式会社网站 https://www.abilities.jp/fukushi_kaigo_kiki/bath/3038-20，厂商 ARJO。

▶ 淋浴区设计要点

浴位间隔：自理老人用浴位的适宜宽度为900~1200mm。

照明：为老人提供明亮的环境，照亮老人身体和面部，方便老人和护理人员看清身体清洁情况。

排水沟：保证足够的坡度，使水流能够及时排走，避免积水。盖板尺寸不宜过大，形式宜方便打开，便于及时清理、维护。

竖向扶手：便于老人在站姿和坐姿的转换时扶握，或在站姿时扶靠，一般设置高度在650~1400mm。有条件时，可在扶手上设置辅助喷头架，便于不同身高和不同洗浴姿势的老人取放淋浴喷头。

龙头：开关距地高700~800mm，兼顾站姿坐姿操作的便利性。可采用温控装置，控制最高水温，避免烫伤。

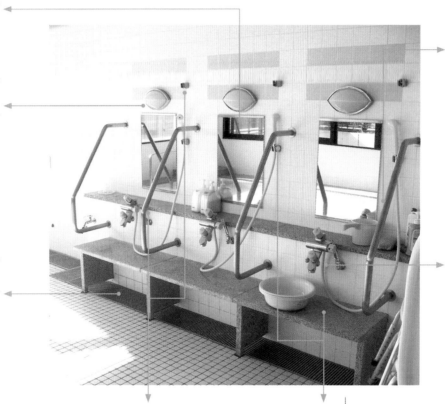

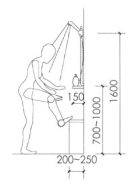

站姿淋浴喷头架：高度一般为1600mm。

站姿置物台：便于老人站姿洗浴时取用洗浴用品，也方便护理人员助浴时拿取物品。台面进深宜 ≥ 150mm，高度一般为700~1000mm。

下方设置低台便于老人冲洗脚部，低台进深一般为200~250mm。

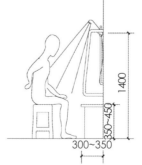

坐姿淋浴喷头架：高度一般为1400mm。

坐姿置物台：便于老人坐姿取用洗浴用品。进深一般为300~350mm，高度一般为350~450mm。

图 1.7.34　淋浴区的示例及设计要点总结

公共浴室洗浴区的设计要点②

盆浴空间

泡澡有助于促进血液循环、放松身心。但在我国大多数养老设施中，由于担心老人进出浴缸时发生危险，通常不会在老人居室的卫生间内设置浴缸。在公共浴室中设置一处盆浴空间，将有助于满足部分老人的泡澡需求。同时，对于身体虚弱无法使用普通浴缸的老人，还可采用机械浴缸帮助其泡澡。

盆浴区的设计要点

设置多处竖向与横向扶手，保证老人迈腿出入浴缸和坐下、站起时都能稳固扶握、保持身体平衡。可在浴缸两侧都设扶手，方便双手施力和选择不同侧出入。竖向扶手距地高度宜为600~1400mm，横向扶手距地高度宜为750mm。
浴缸内设扶手，辅助老人稳定身体和在浴缸中转换体位。
浴缸深度400~450mm，边缘与座椅高度平齐，方便老人进出浴缸。
临近设置淋浴喷头，方便泡浴前后冲淋身体。
就近设置置物台，方便老人和护理人员顺手放置洗浴用品。
设淋浴椅便于老人坐姿淋浴，保证老人洗浴的稳定、安全。
浴缸三面临空，每侧留出超过600mm的护理空间，端头留出可供轮椅回转的空间。

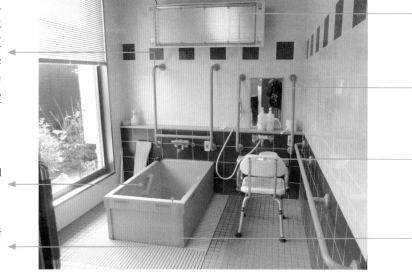

图 1.7.35　盆浴区的示例及设计要点总结

机械浴室的设计要点

机械浴缸有多种进出方式，如侧进式、后进式等，不同进出方式对空间布置的需求不同。

图 1.7.36、图 1.7.37 以双侧进入式浴缸为例，示意了采用该设备情况下机械浴室的空间尺寸要求，以及浴缸的使用流程。

≥ 4300mm
机械浴室
浴床
浴缸
浴床
出浴
入浴
更衣室
前室
≥ 3100mm

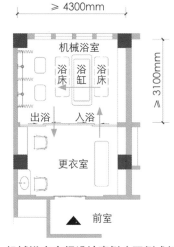

图 1.7.36　机械浴室空间设计案例（双侧式机械浴缸）

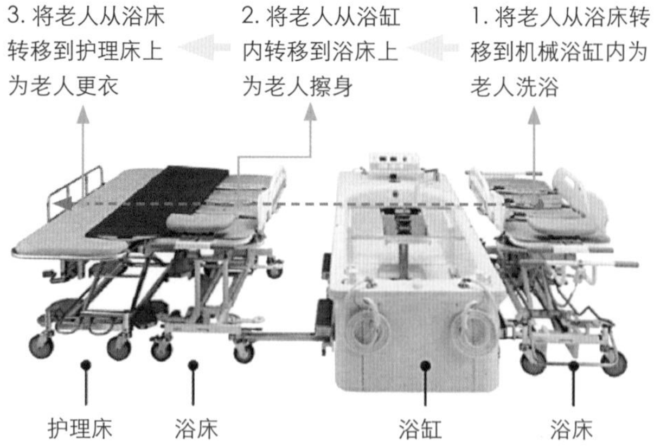

3. 将老人从浴床转移到护理床上为老人更衣
2. 将老人从浴缸内转移到浴床上为老人擦身
1. 将老人从浴床转移到机械浴缸内为老人洗浴
护理床
浴床
浴缸
浴床

图 1.7.37　双侧式机械浴缸使用流程示意

公共浴室如厕空间的设计要点

▶ 公共浴室设置如厕空间的必要性

浴室应配置卫生间，以及时解决老人在洗浴过程中的如厕需求。尤其是对于护理程度较高的老人，如不能及时排泄，容易发生失禁，因而在浴室内部配置卫生间十分必要。

▶ 不同身体条件老人所需的如厕空间尺寸

不同身体状况的老人如厕时所需的空间尺寸不同。如图1.7.38所示，自理老人需要在厕位设置扶手帮助老人起身、保持身体平衡，避免滑倒。乘坐轮椅的老人需要在护理人员帮助下移乘至坐便器如厕，因此需要更大的如厕空间。

划分如厕空间时不一定都需要设置隔板，也可采用软帘，既保障了私密性，又能使空间更加灵活，方便轮椅老人的使用和护理人员的辅助操作。

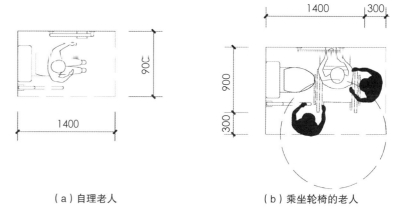

（a）自理老人　　　　　　（b）乘坐轮椅的老人

图 1.7.38　不同身体情况老人如厕所需要的空间尺寸

▶ 浴室内部配置卫生间的常见形式

小型浴室中，由于使用人数较少，可在浴室内部设如厕区，并用帘子隔开，这样既能防止如厕区被水打湿，又能保护老人如厕时的私密性（图1.7.39）。中型浴室中，可在更衣区与淋浴区之间设置卫生间，便于老人洗浴更衣前后使用（图1.7.40）。同时，卫生间尺寸最好能满足轮椅老人的使用需求。

用软帘将如厕区与淋浴区隔开，起到干湿分区的作用，也便于乘坐轮椅的老人进出淋浴区。

坐便器可位于洗浴空间内部，不设单独的卫生间，以节约空间。

淋浴区外铺设地垫，以避免老人和护理人员将淋浴区的水带到其他区域。

图 1.7.39　小型浴室如厕区设计细节

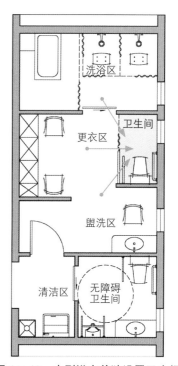

图 1.7.40　中型浴室单独设置卫生间

119

公共浴室后勤辅助空间的设计要点

▶ 后勤辅助空间的设计要点

公共浴室须就近设置后勤辅助空间，以便于服务人员就近完成洗浴护理、洗衣晾晒、清洁打扫、收纳整理等一系列工作,设计时须结合具体服务操作流程考虑功能空间配置。

▷ 设置储藏空间

公共浴室内需要存放的物品很多,主要包括：浴巾、手套、尿布、沐浴露、脏衣筐、脸盆、洗发水、洗涤剂等。因此,浴室附近应就近设置储藏区,方便护理人员存放和取用各类物品。储藏区应注意通风（可使用机械通风）、保持干燥。

小型浴室中,可将储藏柜与更衣、吹发盥洗区结合布置。中型浴室或大型浴场中可单独设置储藏间,以获得更大的储藏量。

图 1.7.41
小型浴室中的储藏柜

图 1.7.42
沿墙设置衣物收叠和储存空间

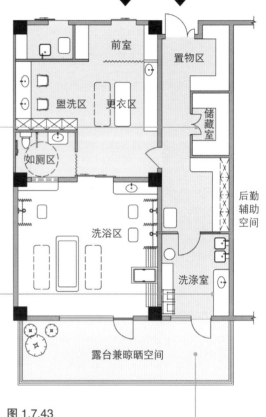

图 1.7.43
中型浴室后勤辅助空间设计示例

▷ 临近设置污物处理与洗衣晾晒空间

为方便服务人员及时清洗老人换下的衣物、用过的毛巾等物品,可在公共浴室附近设置污物处理和洗衣晾晒空间,并在公共浴室内留出存放脏衣筐和推车的位置。

图 1.7.44　污物处理池与洗衣机就近布置,方便服务人员对老人失禁弄脏的衣物进行预处理,然后再放入洗衣机中彻底清洗,以缩短操作动线

图 1.7.45
设置露台作为衣物晾晒区,如无顶棚遮雨,则应考虑在室内留出临时停放移动晾衣架的空间

公共浴室可增设的空间①
理发美容空间&泡浴空间

▶ 配置理发美容空间

可临近公共浴室为老人配置理发美容空间。理发美容区与浴室旁的休息区结合布置，既能与洗浴空间保持近便的联系，又具有一定的开放性，使之成为老人等候、交流的场所。在中小型浴室中，还可将吹发盥洗空间扩大，配以理发椅等设施，使其兼做理发美容空间，提高空间利用率（图 1.4.46）。综合型浴场中，也可以设置独立的理发美容空间，为老人提供服务（图 1.4.47）。

图 1.7.46 中型公共浴室吹发盥洗空间兼做理发美容室

图 1.7.47 独立的小型理发美容空间

▶ 设置功能丰富的泡浴空间

许多老人十分喜爱泡浴，泡池形式包括有按摩的足浴池、有运动锻炼功能的水疗池和有养生保健作用的温泉泡池等。在中型浴室、综合型浴场中可有选择地进行配置。须注意的是，老人进出泡池的过程中身体重心会发生变化，而浴室地面又往往较为湿滑，因此泡浴空间的安全性设计尤为重要。同时，应注意合理控制泡池的水温，一般热水池控制在 40℃~42℃，温水池控制在 35℃~40℃为宜。

图 1.7.48 供老人进行走步训练的水疗池[1]

图 1.7.49 具有按摩功能的泡池[2]

图 1.7.50 富有趣味的足浴池亦是老人们交流的场所

1、2 图片来自网络。

公共浴室可增设的空间②
为特殊老人设计的独立浴室

▶ 为特殊老人设置单独的洗浴空间

养老设施中有些老人不适宜或不希望与他人共同洗浴。例如，身体有残疾的老人不愿意在洗澡时被别人看见。又如，一些患有失智症的老人在洗澡时情绪易波动，容易与他人发生争执或冲突。因此，为一些老人提供单独的洗浴空间，能够最大程度保证私密性，使老人尽可能保持平稳的情绪，从而便于护理人员协助老人洗浴。可将小型浴室的洗浴区和更衣区设置为可分可合的形式，既能满足特殊老人单独洗浴的需求，又能保证空间使用的灵活性（图1.7.51）。

将更衣室和浴室分别划分为供单人使用的空间

使用软帘分隔更衣间，使空间更加灵活

图1.7.51　日本养老设施中设置可分可合的浴室，满足部分老人单独洗浴的需求

小故事：社区公共浴室中逃走的失智老人

在一次针对社区公共浴室的调研中，我们看到一位老奶奶在两位女士的搀扶下走进浴室，不断大声重复着"到这干嘛？到这干嘛呀？"，引起了众人的注意。原来这位奶奶患有失智症，每次洗浴都要女儿和好友共同陪伴协助。然而，公共浴室中划分出的淋浴隔间空间很小，女儿和老人挤进去都很勉强，女儿好友只能站在外面，帮不上忙。女儿好不容易帮老人站好后，刚打开淋浴开关，高压的热水一下冲到了老人身上。老人大声叫嚷着"好烫！好烫！"，并不断挣扎想要往外跑，女儿好友赶忙帮忙拦着。女儿一手拽着老人，转身另一只手试图去拿洗发水，一时没抓牢，老人便挣脱女儿和好友，往门口方向逃去……

从这个故事中可以看出，失智老人由于对时间、地点的认知存在一定障碍，洗浴时可能情绪不稳定。此时，提供更加私密的洗浴空间能够最大程度地安抚老人情绪，便于他人协助老人洗浴。

公共浴室的通风设计

▶ 浴室自然通风的重要性

在公共浴室中，洗浴时产生的热气可能会导致老人出现呼吸不畅、胸闷气短等不适症状，甚至危及生命，洗浴后湿气如不能及时排出还易滋生细菌。因此，良好的自然通风对公共浴室设计十分重要。

▶ 合理引导自然通风并辅以机械通风

设计时应注意组织好门窗的位置，引导自然风通过各部分空间，以便在洗浴后及时、有效地排出湿气，防止室内发霉或滋生细菌。此外，无论有无外窗，浴室都应设置机械排风扇，以在不适宜开窗时（如冬季）起到辅助通风的作用。气候潮湿的地区还可采用电风扇加强空气流通。

▶ 设置高窗兼顾私密性与自然通风需求

可采用设置高窗、排气扇等方式，充分利用浴室内热空气上升的原理，引导室内空气自然对流，达到排湿、换气的效果。同时，设置高窗还有助于保证浴室内老人的私密感。高窗窗扇高度一般在 1800mm 以上，可采用推拉窗或者下悬窗形式以便开关，有条件时也可采用电动控制。

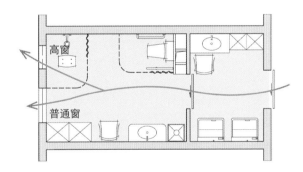

图 1.7.52　浴室门窗位置应有利于自然对流

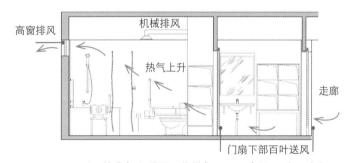

图 1.7.54　利用热空气上升原理将排气口设于高处，引导对流

图 1.7.53　大扇门窗有利于浴室快速排除湿气

图 1.7.55　浴室设高窗或半高窗，在保证私密性的同时促进自然通风

公共浴室的自然采光设计

▶ 浴室自然采光的重要性

由于白天气温相对较高，护理员在岗人数较多，因此养老设施中一般会安排老人在白天洗澡。开窗引入自然光线对于公共浴室设计十分重要，这既有利于老人在洗浴时看清环境、避免危险，又有助于老人保持愉快的心情。

▶ 洗浴区应争取良好的自然采光

一般而言，养老设施通常会优先将老人居室和公共活动空间布置在采光较好的位置，但如有条件，最好将公共浴室临外墙开窗，让更多的光线进入洗浴空间，营造良好的气氛。

图 1.7.56　浴室多方向采光，空间明亮

图 1.7.57　位于半地下空间的浴室设置天窗采光

图 1.7.58　结合落地窗设置景观浴池

▶ 采光窗设计兼顾私密性

浴室的自然采光和私密性要求间易发生矛盾，设计时应注意窗户的位置，以及周边房屋的情况，避免视线干扰。可在浴室外设置晾晒场地兼露台，种植花草灌木；这样既可为浴室带来美好的景观，又可遮挡外部视线。另外，还可通过采用毛玻璃、贴半透明窗纸或加设窗帘、百叶等方式维护公共浴室的私密性。

图 1.7.59　浴室外设置隔绝视线的小庭院

图 1.7.60　浴室外窗安装百叶保证私密性

公共浴室的安全设计

▶ 洗浴空间安全设计的重要性

浴室是老人发生危险频率最高的场所之一，湿滑的地面、高温高湿的环境存在较大的安全隐患，因此保证老人洗浴时的安全是公共浴室设计的重中之重。

▶ 空间不宜过于空旷

浴室地面难免会被打湿，为保证老人的行走安全，通行空间应尽可能设计成线性的，并在两侧设置坚固、可靠的扶手或者台面，供老人在行走时扶靠，这样即便老人脚下打滑也能及时扶稳不致摔跤。

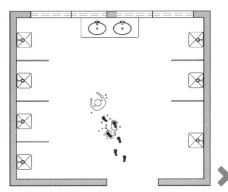 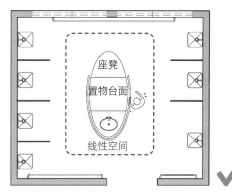

（a）通行空间过于空旷，老人无处可扶　　　　　　　　（b）线性的通行空间有助于保证老人的通行安全

图 1.7.61　浴室中的通行空间应尽可能设置为线性，避免过于空旷老人无处可扶

▶ 根据空间功能选择适宜的防滑材料

更衣区等干区可选择 PVC 地板、竹席等触感温润且方便清洁的材料；湿区地面材料可选用防滑地砖等耐水、易清洁的材料。

图 1.7.62　洗浴区地面材料选择没有考虑防滑性，后期增设防滑垫，导致地面不平易绊脚　　图 1.7.63　洗浴区及更衣区分别铺设防滑瓷砖及耐水 PVC 地板，表面平整，便于打扫

公共浴室的室内温湿度控制

▶ 统一考虑供暖通风设备系统

由于老人身体较为虚弱，室温过低容易使老人着凉，湿度过大也容易使老人感到憋闷。根据对国内外养老设施的调研，洗浴时将室温维持在30℃左右，相对湿度维持在30%~60%为宜。

因此，浴室设计中必须充分考虑对温湿度的有效调节，预先留出供暖和通风设备所占空间，确保设备安装、操作和维修的便利性。例如，为保证老人在洗浴过程中的适宜温度，冬季室内温度较低的时候，浴室内可设置加热器，但须注意位置不能离老人太近且不能让老人感受到强烈的热风，以免给老人带来不适或造成烫伤。同时，应注意加热设备与浴室面积相匹配，避免因浴室面积过大导致难以加热到适宜温度或所需加热时间过长。

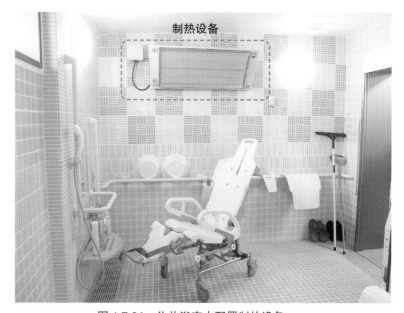

图 1.7.64 公共浴室内配置制热设备

▶ 设置干湿过渡空间

设置干湿过渡区有利于老人洗浴后及时擦干身体，减少身上水分蒸发带来的不适感；同时维持干区（更衣区）地面干燥，降低老人滑倒的风险。

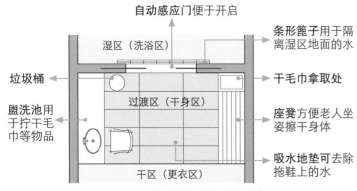

图 1.7.65 公共浴室设置干湿过渡区

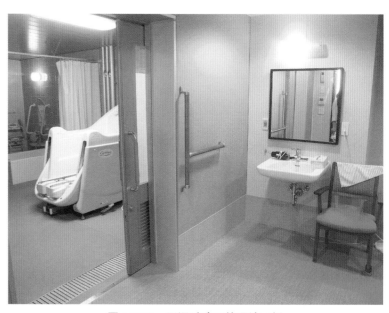

图 1.7.66 干湿过渡区的设计示例

公共浴室的排水设计

▶ 设置排水沟便于快速排水

由于公共浴室常常为多人共同洗浴，排水量较大，因此，洗浴区宜考虑设置排水沟，并保证足够的地面坡度，确保排水顺畅。

如图 1.7.67，排水沟通常宽 150~200mm，深 250mm 左右，上部设盖板，与周围地面平齐。排水沟内对应地漏位置宜设置可开启盖板，方便清洁排水沟、检修管道。盖板应选择缝隙较小的形式，以免辅具的轮子被缝隙卡住。

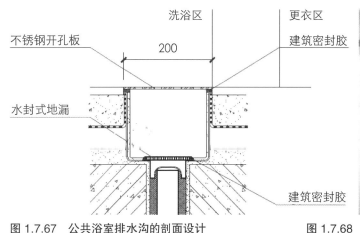

图 1.7.67 公共浴室排水沟的剖面设计

图 1.7.68 排水沟下水口处宜设小块盖板，便于掀起检修及清理

▶ 排水沟的位置和作用

排水沟通常需要就近用水点（例如淋浴区、浴缸等）布置以实现迅速排水。同时，干湿区交接处也可设置排水沟，以避免湿区的水流入干区。应避免在浴室中部设置排水沟，以免影响通行和美观。洗浴空间中通常需要设置排水沟的位置及其作用如图 1.7.69 所示。

（c）设置在浴缸、浴池、游泳池等附近，排除溢出的水。

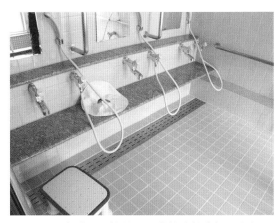

（a）设置在淋浴区等排水需求较大的空间，保证迅速排水，以免地面湿滑。

（b）设置在湿区的出入口，保证水不会溢出到其他空间。

（d）设置在机械浴缸附近，敷设管道与浴缸底部排水口相接，方便浴缸排水。

图 1.7.69 公共浴室排水沟的常见位置及其作用

第二章
典型案例分析

CHAPTER.2

项目基本信息：

项目名称：优居壹佰养生公寓

项目类型：综合型养老设施

项目所在地：中国江苏省张家港市

开发方：江苏省张家港市澳洋置业公司

设计方：清华大学建筑学院周燕珉工作室

设计时间：2013.2~2015.2

开业时间：2015.10

综合经济技术指标：

总规划用地面积·18661m^2

用地性质：医卫慈善（老年服务）用地

建筑层数：地上 15 层，地下 1 层

建筑密度：34.7%

容积率：2.5

绿地率：30%

总建筑面积：56000m^2，其中：

　地上部分建筑面积：46570m^2

　地下部分建筑面积：9430m^2

总居室数：66 间护理居室及 348 套自理公寓

机动车停车位：120 个，其中：

　地上机动车停车位：29 个

　地下机动车停车位：91 个

第 1 节
综合型养老设施
——优居壹佰
养生公寓

项目概述

▶ 地段状况与项目定位概述

优居壹佰养生公寓位于江苏省张家港市区东北方向的二环路附近，距离市区商业中心和综合医院约7公里。项目用地东临市属老年公寓（社会福利中心），南临市委党校，西临城市道路，西北为植被丰富的乌沙河公园，自然景观条件较好，视野开阔。在项目的开发初期，周边已建有多个住宅区和工业厂房区，同时存在多片待开发空地。当时该地段的公共服务设施配套尚未完全到位，周边除有公交站、便利店等基本设施外，附近步行范围内缺乏超市、药店、银行等公共配套设施。

项目所在的张家港市是新兴的港口工业城市，当地经济发展状况较好，市区居民的生活水平相对较高[1]。该项目的投资开发方曾在2010年左右就项目定位等方面进行过较深入的市场调查，结果显示，市区及周边的老年人口比例较高，且他们对居家型和护理型养老设施都有一定需求。同时调查还发现，张家港市内的护理床位不足、现有设施的护理水平较为有限，且市内尚缺乏公寓型养老设施。

综合考虑市场和用地等情况，该项目定位为一所集老年公寓和老年养护院为一体的，具备可持续养老照料能力的大型综合养老服务设施。项目主要面向自理老人，以及失能、失智等需要照顾的老人。

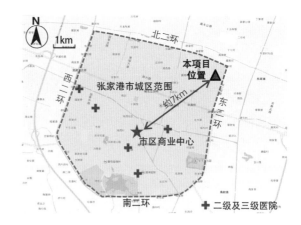

图 2.1.1 项目地理位置示意图

图 2.1.2 项目用地及周边情况示意图

图 2.1.4 从用地西侧望向道路对面的城市绿地公园

项目定位：综合型养老设施

图 2.1.3 项目定位示意图

1 吕风勇，邹琳华.2015县域经济发展报告 [R].北京：社会科学文献出版社,2015.

▶ 主要设计理念

该项目的建筑设计重点关注三方面的问题。首先，该项目的规模较大，预计未来全部住满后，老年人和工作人员的总数可能会接近千人。因此，如何解决好较为复杂的建筑功能布局、流线设计等问题，是建筑设计考虑的重点。第二，由于项目预期入住的老年人数量较多且周边缺乏公共配套，因此如何让老年人觉得购物方便、长期照顾有保障、生活丰富多彩，成为设计的重点。第三，由于项目的居室户数较多，如果户型设计得不到市场认可，则可能导致难以租出。因此，如何在户型设计上满足更多客群的需求，并能适应一定的市场变化，就成了该项目居住空间设计的重点。根据上述三个设计关注点，设计团队提出了以下三个主要的设计理念：

设计理念1：从空间上清晰、合理划定项目的功能分区与流线关系，降低大型项目的运营管理难度

设计理念2：配置内容多样的公共服务设施，以丰富老年人的公共生活与购物体验，并实现小病内部就医

设计理念3：控制户型面积、提高户型的使用灵活性，从而增强户型对潜在客群的吸引力和长期市场竞争力

▶ 场地总体布局

该项目用地的特点是场地形状较为规整，周边建筑对用地的日照遮挡影响小。同时，用地西侧是项目主要的临街边界和景观边界，因此需要在西侧留出一定的广场和绿地空间，以获得较为开敞的入口形象和较好的景观视野。

综合考虑日照、景观、交通等因素的影响后，项目最终选择了如下总体布局方案：建筑贴近北、东、南三边的用地红线布置，并围合形成场地西侧的中央景观庭院。建筑南楼和北楼为老年公寓；东楼下部裙房为集中布置的公共配套服务设施；东楼上部为老年养护院。

这种总体布局方案对场地的利用较为充分，并且形成了一处面积较大、较完整的中央景观庭院，也为老年公寓争取到了较好的日照和景观条件。

图 2.1.5　项目鸟瞰效果图

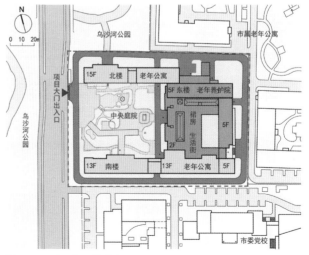

图 2.1.6　场地总体布局平面图

133

典型楼层平面图①

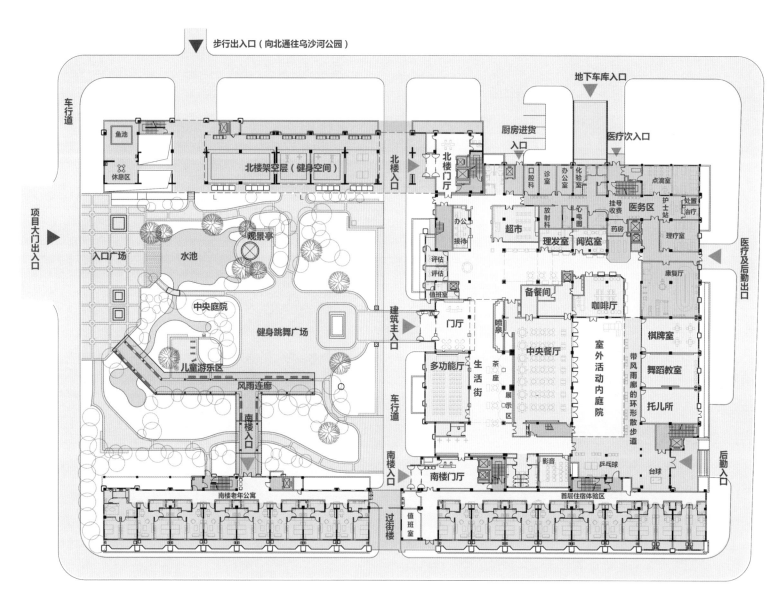

步行出入口（向北通往乌沙河公园）

地下车库入口

厨房进货入口

医疗次入口

车行道

鱼池

休息区

北楼架空层（健身空间）

北楼入口

北楼门厅

口腔科

诊室

办公室

化验室

点滴室

放射科

心电图

挂号收费

医务区

护士站

处置台疗

项目大门出入口

入口广场

水池

观景亭

办公接待

超市

理发室

阅览室

药房

理疗室

医疗及后勤出口

中央庭院

评估

评估

值班室

健身跳舞广场

建筑主入口

门厅

喷泉

备餐间

咖啡厅

康复厅

儿童游乐区

风雨连廊

南楼入口

多功能厅

茶座

展示区

中央餐厅

室外活动内庭院

带风雨廊的环形散步道

棋牌室

舞蹈教室

托儿所

车行道

南楼入口

南楼门厅

影音

乒乓球

台球

后勤入口

南楼老年公寓

过街楼

值班室

首层住宿体验区

N

0　5　10m

图 2.1.7　一层平面图

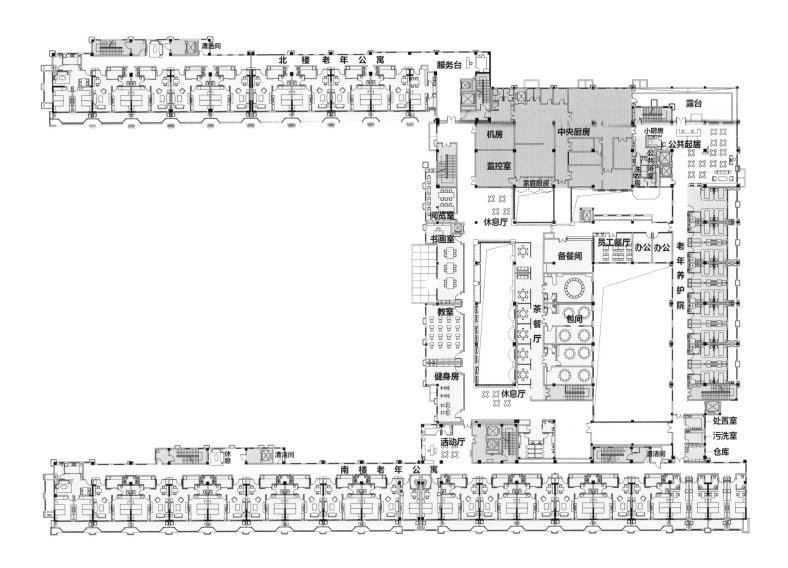

图 2.1.8 二层平面图

典型楼层平面图②

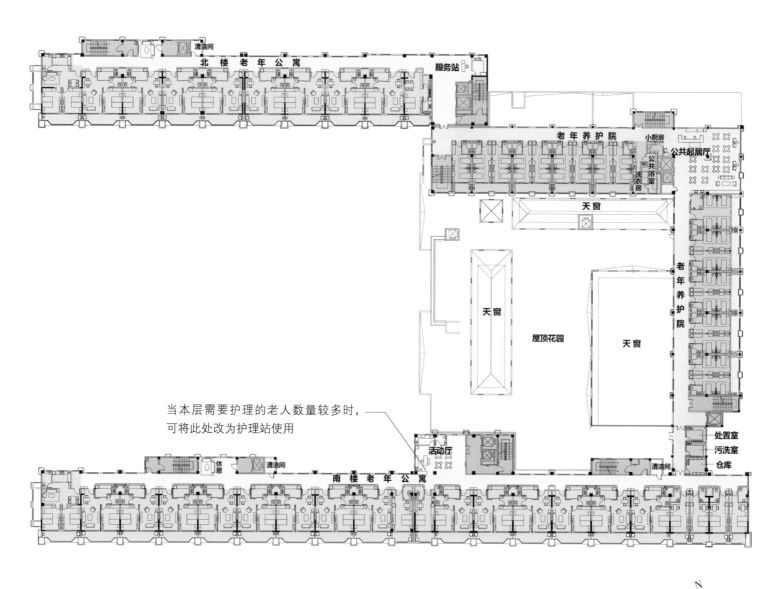

当本层需要护理的老人数量较多时，
可将此处改为护理站使用

图2.1.9　三层至五层平面图

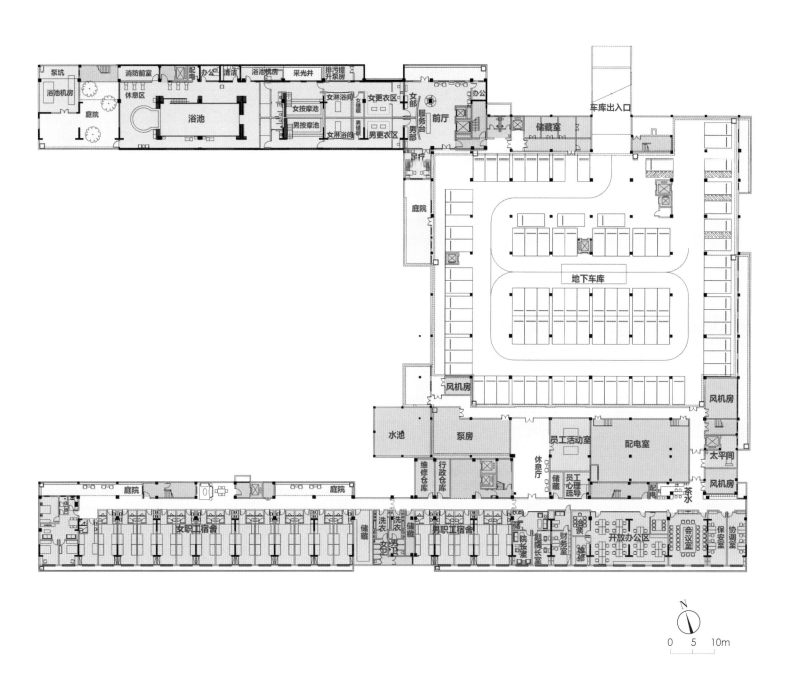

图 2.1.10　地下一层平面图

场地总体设计

▶ 场地与建筑出入口设置

场地共设两个出入口，其中大门出入口位于场地西侧临街处，供所有车辆和人员出入使用；步行出入口位于场地北侧，与乌沙河公园连通，便于老年人出入公园活动。

建筑楼栋共设4个主要入口和4个次要入口，可满足不同人群的出入需求。建筑主入口位于裙房西侧居中位置，面对中央庭院，位置明显易识别，是老年人及来访者进入裙房公共设施部分的主要入口。另外,南楼和北楼的老年公寓分别设有两个和1个主要入口，方便老年居住者日常进出。4个次要入口全部位于主体建筑背后(裙房东侧和北侧)，主要供服务人员及后勤人员出入使用。

▶ 人车流线和停车方式安排

场地内采用"人车分流"的交通组织方式，以保证老年人室外活动的安全性。车行道环绕建筑外围及建筑中部通过裙房主入口处布置，步行道设于建筑内侧。中央庭院为步行区，不允许车辆驶入。

来访车辆的停车方式以地下停车为主，地下车库入口位于裙房北侧。在节假日等来访车辆较多的时候，可将大门入口内侧的广场作为访客临时停车场使用。厨房运货车等后勤车辆以地上停车为主，可放于裙房北侧的后勤停车位。

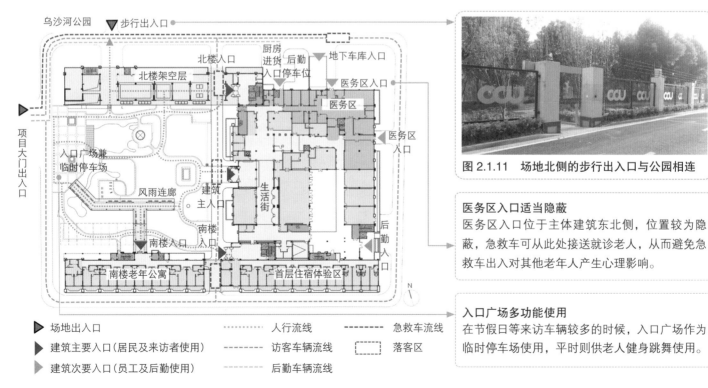

图 2.1.11　场地北侧的步行出入口与公园相连

医务区入口适当隐蔽
医务区入口位于主体建筑东北侧，位置较为隐蔽，急救车可从此处接送就诊老人，从而避免急救车出入对其他老年人产生心理影响。

入口广场多功能使用
在节假日等来访车辆较多的时候，入口广场作为临时停车场使用，平时则供老人健身跳舞使用。

图 2.1.12　场地内的出入口及交通分析图

建筑主入口

图 2.1.13 裙房上部为一处屋顶花园,供老人散步健身使用

建筑主入口

图 2.1.14
建筑主入口前设有挑檐雨棚,可为上下车的老人提供遮蔽

图 2.1.15
中央景观庭院的视觉层次丰富、具有趣味

裙房首层设计

▶ **裙房首层的功能分区与流线设计**

该项目的公共配套面积规模较大，为了便于集中运营管理，我们决定将公共服务配套集中布置于裙房之中。裙房首层承担了最主要的人流组织与交通引导作用，因此，我们在设计中十分注重裙房首层的功能布局和交通流线设计，以降低管理难度和运营成本：

· "生活街"和医务区通过多条通道与南北两侧的老年公寓门厅相连，并通过多台电梯与楼上的养护院和公寓相连，为老年人前来活动、就医提供了便捷路径。

· 裙房首层平面划分为"生活街"和医务区这两个部分，两部分之间通过走廊相互连通，同时又具有各自独立的出入口，可实现相对独立的运营管理。

· "生活街"的环形主街道与建筑主入口门厅连通，主街道贯穿裙房内的多种服务设施，可有效引导人流前往各类生活服务设施和医疗康复设施。

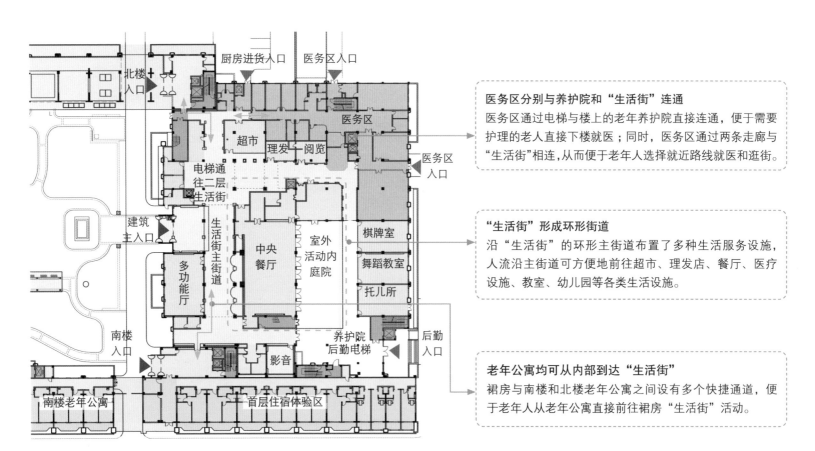

医务区分别与养护院和"生活街"连通
医务区通过电梯与楼上的老年养护院直接连通，便于需要护理的老人直接下楼就医；同时，医务区通过两条走廊与"生活街"相连，从而便于老年人选择就近路线就医和逛街。

"生活街"形成环形街道
沿"生活街"的环形主街道布置了多种生活服务设施，人流沿主街道可方便地前往超市、理发店、餐厅、医疗设施、教室、幼儿园等各类生活设施。

老年公寓均可从内部到达"生活街"
裙房与南楼和北楼老年公寓之间设有多个快捷通道，便于老年人从老年公寓直接前往裙房"生活街"活动。

图2.1.16 建筑首层功能分区图

在入口广场和老年公寓入口之间设有连廊，可为老人在风雨天出入时提供遮蔽和保护

中央景观庭院内设有一片较大面积的硬质铺地活动广场，可供举行大型活动使用

图 2.1.17
中央景观庭院面向城市道路，可产生较好的沿街景观形象；庭院内设有广场、儿童游乐区、观景亭等设施，便于老年人及来访者开展多种室外活动

图 2.1.18　北楼首层架空层是一处半室外空间，设有健身器材、茶座等健身休憩设施

"生活街"设计

设置"生活街"的意义：老年人普遍喜爱上街购物和参加公共活动，设置"生活街"的意义就在于通过配置丰富的生活配套设施，延续老年人以往的公共生活方式与兴趣爱好，这不但有利于维持老年人的自理生活能力，也可满足老年人就近购物和休闲交流的需求。

▶ "生活街"的设计特点

"生活街"共分为上下两层，内部囊括了餐厅、超市、理发店、医务室、托儿所等十余种公共设施。"生活街"设计追求"室外街道"的空间效果，为老年人营造出了亲切的街区生活氛围。

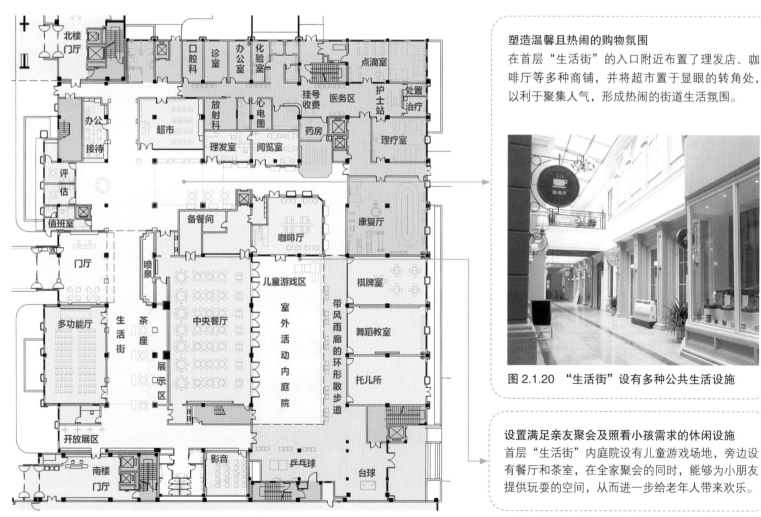

塑造温馨且热闹的购物氛围
在首层"生活街"的入口附近布置了理发店、咖啡厅等多种商铺，并将超市置于显眼的转角处，以利于聚集人气，形成热闹的街道生活氛围。

图 2.1.20 "生活街"设有多种公共生活设施

设置满足亲友聚会及照看小孩需求的休闲设施
首层"生活街"内庭院设有儿童游戏场地，旁边设有餐厅和茶室，在全家聚会的同时，能够为小朋友提供玩耍的空间，从而进一步给老年人带来欢乐。

图 2.1.19　裙房一层"生活街"局部平面图

▷ "生活街"首层中央餐厅可与内庭院连通，形成大型活动场所

规模较大的养老设施一般需要一个活动大厅，以便组织全院联欢活动时使用。在该项目中，将中央餐厅兼为活动大厅使用，从而提高了中央餐厅的空间使用效率。同时，通过开启落地窗扇，中央餐厅可与内庭院连通，形成一个700m²左右的大型活动空间，可在天气良好时供院方组织大型室内外活动之用。

▷ "生活街"二层公共活动用房功能灵活可变

随着开业后入住人数的不断增加，老年人对公共活动空间的需求也会持续增大。为此，设计时考虑了提高"生活街"二层公共活动用房的功能可变性。这包括在活动用房内部全部配置用水点，并在临走廊一侧采用玻璃隔断，以便根据实际使用需求作为展室、教室、书画室、排练室等房间使用。

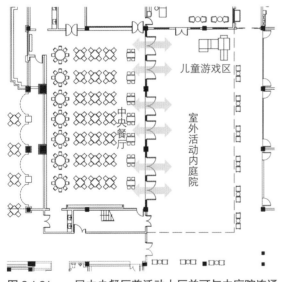

图2.1.21　一层中央餐厅兼活动大厅并可与内庭院连通

图2.1.22　"生活街"二层公共活动用房可根据需求灵活调整功能用途

▷ 提供多样的就餐环境供老人自主选择

提供多样化的就餐选择是提升养老设施内老年人生活质量的重要举措。为了满足老年人个性化的就餐需求，该项目除了在首层设置了大型中央餐厅、咖啡厅以外，还在"生活街"二层设置了茶餐厅和不同大小的包间，以供老人和家人根据喜好自主选择，丰富了老年人的饮食文化生活。

图2.1.23　一层中央餐厅（左）和二层茶餐厅包间实景（右）

"生活街"空间环境

图2.1.24　多功能厅可作为小型聚会、培训、看电影等活动的场所

图2.1.25　裙房中部设置内庭院，解决了大进深裙房内部空间的通风采光问题。同时，内庭院也是一处老年人锻炼和儿童游戏的户外场所，与"生活街"形成贯穿室内外的回形走廊，供老人循环散步使用；内庭院走廊部分还设有风雨廊，为老人提供遮蔽和保护

图2.1.26　"生活街"主街道上部为天窗，并设有可开启扇，为一层和二层的裙房公共活动空间争取到了较好的自然采光和通风条件

图 2.1.27 "生活街"首层设置的咖啡厅为老年人与亲朋好友休闲聚会创造了条件

图 2.1.28 "生活街"首层主入口的南侧设有茶座和展示区，老人、访客与接待服务人员可在此休息和交谈

图 2.1.29 裙房地下一层设有休闲洗浴设施

老人居室设计

▶ **养护院老人居室可根据需求进行空间改造**

在进行老年养护院的设计建造时，我们考虑了对老人居室进行灵活改造的可能方式，以适应不同的居住和护理需求。首先，当老年人对居住品质有更高要求时，可通过变换家具布局，将双人护理居室改为单人护理居室使用。其次，当设施入住老人的平均护理等级较高时，为节约人力、提高护理效率，可通过拆改部分轻体隔墙，将相邻的双人护理居室改造为连通的多人护理套间使用。

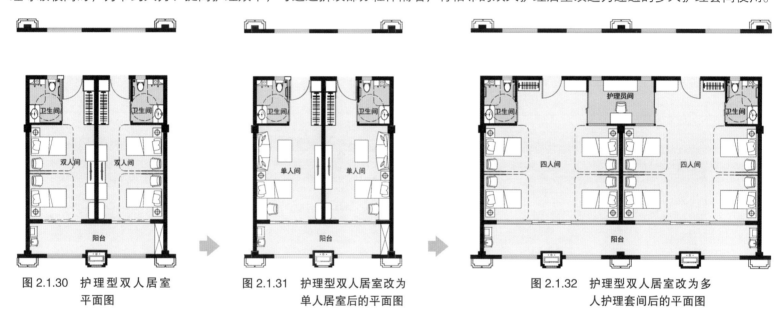

图 2.1.30　护理型双人居室
平面图

图 2.1.31　护理型双人居室改为
单人居室后的平面图

图 2.1.32　护理型双人居室改为多
人护理套间后的平面图

▶ **老年公寓居室以小面积的一室一厅户型为主**

该项目老年公寓的服务对象包括自理、半失能等具备一定独立生活能力的老年人。考虑到这部分老年人的实际居住需求和经济承受能力，公寓内除在每层走廊端部设有两室一厅户型外，其余全部为一室一厅户型。在每个居室内，均配套了独立卫生间、厨房操作台、洗衣机等设施，以方便老年人的独立自主生活。

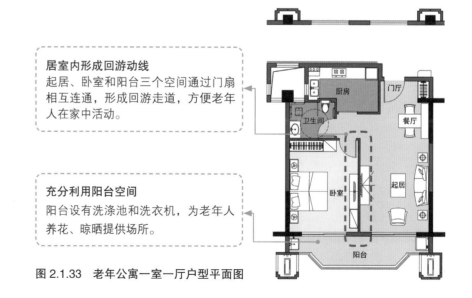

居室内形成回游动线
起居、卧室和阳台三个空间通过门扇相互连通，形成回游走道，方便老年人在家中活动。

充分利用阳台空间
阳台设有洗涤池和洗衣机，为老年人养花、晾晒提供场所。

图 2.1.33　老年公寓一室一厅户型平面图

图 2.1.35 老年公寓一室一厅户型卧室

图 2.1.36 老年养护院双人护理间

图 2.1.34 老年公寓的老人居室全部朝南且均带有阳台

图 2.1.37 老年养护院公共起居厅

项目基本信息：

项目名称：泰颐春养老中心

项目类型：护理型养老设施

项目所在地：北京市丰台区南苑乡石榴庄地区

开发方：北京泰颐春管理咨询有限公司

设计方：清华大学建筑学院周燕珉工作室

设计时间：2015.10~2016.10

开业时间：2017.5

综合经济技术指标：

总规划用地面积：15667m²

用地性质：机构养老设施用地

建筑层数：地上 5 层，地下 2 层

建筑密度：30%

容积率：1.2

绿地率：35%

总建筑面积：15100m²，其中：

　　地上部分建筑面积：9200m²

　　地下部分建筑面积：5900m²

总床位数：190 床

机动车停车位：23 个，其中：

　　地上设急救车停车位 1 个

　　地下设机动车停车位 22 个

第 2 节
护理型养老设施
——泰颐春养老
中心

项目概述

▶ **地段状况与项目定位概述**

泰颐春养老中心项目位于北京市丰台区南四环以北的石榴庄地区，地处宋家庄交通枢纽和购物商圈之内，距离地铁宋家庄站500m。用地北临城市公园及城市干道，东侧紧贴住宅小区。场地整体视野较为开阔，通风采光条件较好。用地周边还分布有超市、购物中心、医院等多种公共服务设施，具有较为成熟的公共服务设施配套，城市生活氛围浓厚，比较适合老年人居住。

项目所在地段原名为石榴庄村，该村于2010年左右随城市化进程而逐步变更发展为城市住区。近年来，随着周边大量普通及高档住宅小区的落成，原有居民和新购房居民逐渐迁入，当地居民已呈现出人口密度高、老年人数量多的特点。但是，该地段内一直缺乏养老床位供给，因此亟须开发一处能满足居民刚性护理需求的养老服务配套设施。

应当地需求，该项目最终定位为一所以机构养老服务和康复服务为主的护理型养老服务设施，主要服务对象为需要专业护理的老年人，包括失能、失智老人等，同时少量兼收健康自理老人。

图2.2.2 项目地理位置示意图

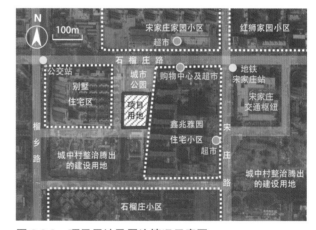

图2.2.3 项目用地及周边情况示意图

图2.2.1 项目主入口北侧为城市公园及城市干道，视野较开阔

图2.2.4 项目定位示意图

▶ 主要设计理念

该项目的主要设计任务是在面积有限的场地中，布置一栋中等规模的养老设施（约 190 床）。用地东西方向短，南北方向长，限高 18m，日照受东侧住宅楼群的遮挡，这些因素给场地总体布局和建筑形体设计带来一定的难度。根据这些情况，并综合环境景观、服务效率等方面的需求，设计团队提出了三个设计理念：

设计理念 1： 紧凑利用土地，优化场地环境景观质量

设计理念 2： 科学选择楼栋形式，充分提高护理效率

设计理念 3： 丰富户型种类，满足老年人的不同居住需求

图 2.2.5　项目鸟瞰效果图

场地总体规划

▶ 场地总体布局

项目场地的总体布局主要包括两个部分，养老服务中心建筑和老年人活动花园。

养老服务中心建筑位于场地北侧，地上5层、地下2层。首层主要为公共服务配套用房，地上二至五层为老人居住层。为避开东侧建筑阴影区的影响，并为南侧的活动花园腾出更大的空间，建筑紧贴用地西、北两侧的建筑红线布置。此外，为了获得较多的南向房间、较高的出房率，以及便捷的服务动线，建筑最终采用了"回"形平面，楼栋中部为室外采光中庭。

老年人活动花园位于建筑南侧，老年人可从建筑南侧次入口直接进入花园。由于周边建筑对花园的日照遮挡影响较小，因此花园场地内的采光和视野较好，为老年人日常活动和康复锻炼提供了良好的绿化环境。

▶ 场地出入口设置

项目共设两个出入口。场地主出入口位于用地西北临城市道路的一侧，并与建筑主入口和城市公园入口相邻，以方便老年人和急救车的出入。场地次出入口位于用地东南侧，主要供后勤及来访车辆出入使用。

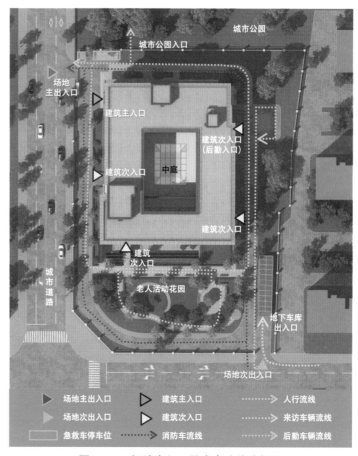

图2.2.6　场地出入口及人车流线分析图

▶ 人车流线和停车方式安排

由于场地内空地面积有限，且需要尽量扩大绿地面积、提高环境绿化质量，因此完全采用地下停车的方式。同时，场地内遵循人车分流原则，不允许车辆穿行南侧花园，以减少车辆对老年人户外活动的打扰。各类车辆的流线和停车方式安排如下：

· 来访车辆由东南侧场地次出入口驶入，并随即驶入地下车库。
· 后勤车辆也由场地次出入口驶入，并可向北驶至建筑东侧的后勤入口附近，以进行相关作业。
· 急救车由西北侧场地主出入口驶入，并可停靠于建筑主入口附近的急救车停车位。
· 消防车等其他需要绕行场地的车辆，可临时借用场地最外侧的环形车道行驶。

典型楼层平面图①

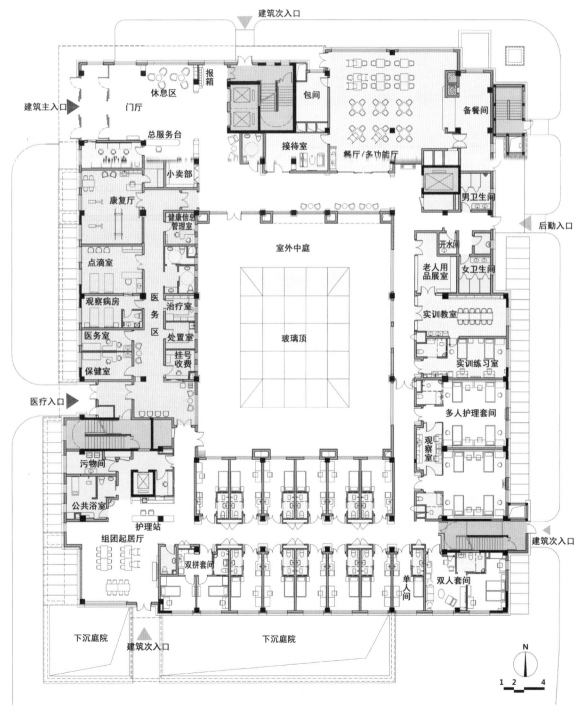

建筑次入口

建筑主入口

门厅

休息区

报箱

总服务台

小卖部

康复厅

健康信息管理室

点滴室

观察病房

医务室

保健室

医务区

治疗室

处置室

挂号收费

室外中庭

玻璃顶

包间

接待室

餐厅/多功能厅

备餐间

男卫生间

后勤入口

开水间

老人用品展室

女卫生间

实训教室

实训练习室

多人护理套间

观察室

医疗入口

污物间

公共浴室

护理站

组团起居厅

双拼套间

单人间

双人套间

建筑次入口

下沉庭院

建筑次入口

下沉庭院

N

1　2　　4

图 2.2.7　一层平面图

典型楼层平面图②

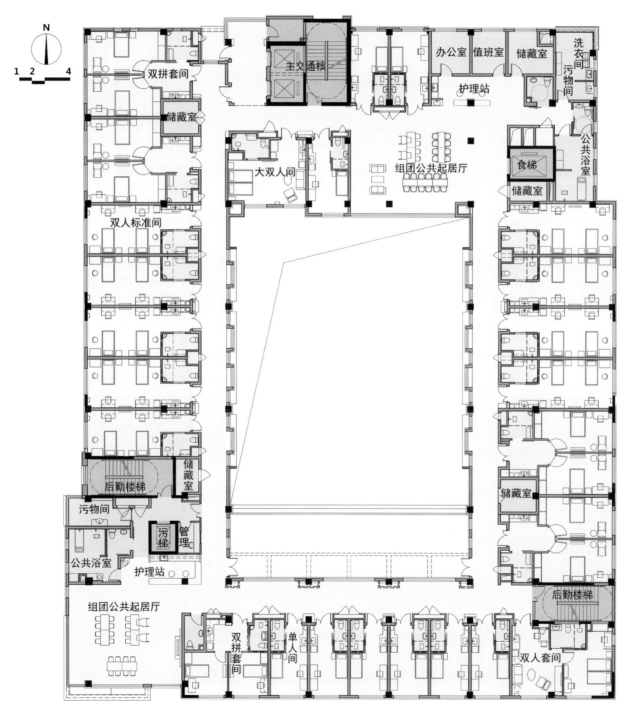

N

1 2 4

双拼套间

储藏室

双人标准间

后勤楼梯

储藏室

污物间

污梯

管理

公共浴室

护理站

组团公共起居厅

双拼套间

单人间

主交通核

护理站

办公室 值班室 储藏室

洗衣间 污物间

公共浴室

食梯

储藏室

大双人间

组团公共起居厅

储藏室

后勤楼梯

双人套间

图 2.2.8 四层平面图

图 2.2.9 项目西北侧场地出入口与建筑主入口相邻，方便老年人进出

图 2.2.10 主入口门厅空间视野开阔、光线明亮，设有茶水区、休息区等公共服务设施

建筑居住标准层设计

▶ 建筑居住标准层的设计特点

居住标准层的设计主要有两个特点。首先，利用建筑"回"形楼栋的平面特点，在各个居住层设置了一条环形走廊，为员工巡视和服务提供了方便，有利于提高护理效率。其次，考虑到项目以半失能、失能老年人为主要服务对象，故采取了组团式的居室布局方式。每个居住层划分为两个护理组团，每个组团约含 20~25 张床位，组团内配置了较为完善的生活和后勤服务设施。这种组团式布局可为老年人和护理员提供更加集中、近便的居住和服务空间，同时组团之间还可实现相对独立的运营与管理。

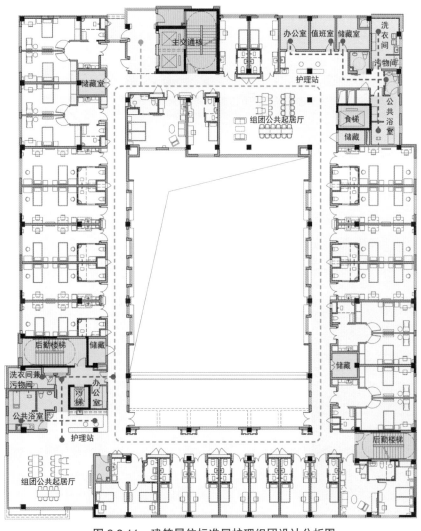

图 2.2.11　建筑居住标准层护理组团设计分析图

▷ 组团内功能空间的配置

组团内分别配置了公共起居厅（兼组团餐厅）、辅助服务空间（含公共卫生间、公共浴室、洗衣间、办公用房等）和楼梯，从而在组团内部形成了较为独立、完整的日常生活与服务设施系统。

▷ 组团内辅助服务空间的设计

各个组团内部的辅助服务空间布局集中、紧凑，可在较为有限的空间里，为服务人员提供便捷、高效的工作条件。辅助服务空间内部还具有独立的工作流线，避免了后勤工作对走廊中老人活动的干扰。

▷ 主、次垂直交通空间的设置

主交通核位于建筑北侧，与首层门厅连通，并位于两组团之间。这个位置既不占据好的采光朝向，又可方便人员到达两个组团。次要垂直交通空间分别位于两个组团之中，包括后勤楼梯、污梯和食梯，主要供护理人员和后勤服务人员使用。

- 护理组团一
- 护理组团二
- ▪▪▪▪▪● 走廊人员流线
- ▪▪▪▪▪● 辅助服务空间内部的独立流线

图 2.2.12
居住标准层的东、西两侧采用走廊单侧
布置房间的形式，采光和通风条件较好

图 2.2.13　老人居室的入口处均提供
了光线柔和的灯具、置物台、休息凳
等，为老年人日常进出居室提供便利

图 2.2.14　各个组团中均设有公共起居厅兼餐厅，为行动不便的老年人提供就近交往和用餐的空间

老人居室户型设计

▶ 老人居室户型的设计特点

为满足老年人的不同居住需求，项目中设置了六种居室户型，包括单人间、双人间、多人护理套间等。结合建筑平面的柱网排布情况，以及公共服务用房的布置情况，分别将这六种户型灵活布置于各个组团之中，使得每个组团内的居室户型种类均较为多样，为老年人提供了比较丰富的居住选择。

> 两个四人间共用一个观察室，以节约护理人员数量。观察室内可增设一张临时床位，供夜间值班人员使用。

> 观察室与居室之间设玻璃观察窗，护理人员可随时观察老人情况。

> 两个单人卧室共用一套厨房和卫生间，在保证私密性的同时增加老人的交流机会。

> 除四人间外，居室内均配有简易厨房操作台，可放置微波炉、冰箱等小家电，供老人自主使用。

> 所有卫生间均设有盆镜柜一体化水池，有效节省了空间。

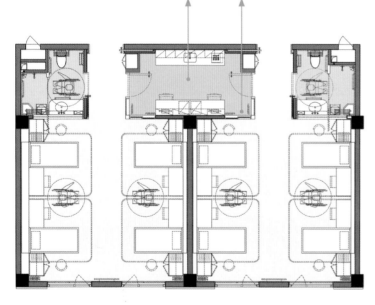

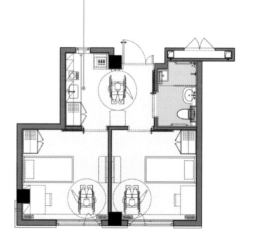

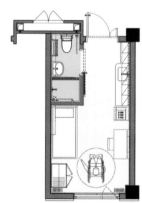

图2.2.15　多人护理套间

户型面积：64m²

目标对象：需要重度护理的老人

图2.2.16　双拼套间

户型面积：43m²

目标对象：老年夫妇、结伴养老的老人

图2.2.17　单人间

户型面积：19m²

目标对象：独身老人等

多数居室的门厅入口门后留有一小块空间，可放置鞋凳、鞋柜等物品。

多数卫生间内设有污洗池，方便洗涮墩布、便盆等用品，也能避免污染洗手盆。

双人套间及大双人间的床具均采用两张单人床形式，床位可分可合，方便日后根据老人的习惯随时调整。

大双人间户型采用了大开间、少隔墙的平面形式，内部空间较为开敞，老年人可以灵活布置家具陈设。

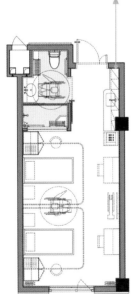

图 2.2.18 双人标准间

户型面积：36m²

目标对象：独身老人、
　　　　　老年夫妇等

图 2.2.19 双人套间

户型面积：43m²

目标对象：老年夫妇

图 2.2.20 大双人间

户型面积：42m²

目标对象：身体较为健康的老年夫妇

老人居室空间环境

单人间

图 2.2.21　该项目配置了较多数量的单人间，以满足老人对较高的居住私密性的要求

双人标准间

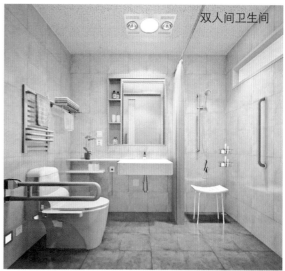
双人间卫生间

图 2.2.22　双人标准间居室内分别为两位老人配置了独立的衣柜、书桌、顶部照明灯具等设施，为老年人自主安排生活作息提供了条件

双人套间客厅

双人套间卧室

图 2.2.23　设施内配置了少量的双人套间户型，适合老年夫妇居住

多人护理套间

图 2.2.24　多人护理套间主要供护理程度较高的老年人居住，并为每位老人配置了各自独立的衣柜、书桌、顶部照明灯具等设施

项目基本信息：

项目名称：广意乐善居颐养院

项目类型：医养结合型养老设施

项目所在地：广东省佛山市顺德区容桂镇

开发方：广意集团

设计方：清华大学建筑学院周燕珉工作室

设计时间：2013.7~2014.2

开业时间：2014.12

综合经济技术指标

用地性质：医卫慈善用地（原医院医疗用品库房）

建筑层数：地上4层（颐养院位于3、4层）

总建筑面积：约5000m²

床位数：100余床

总居室数：98间

居室类型：单人间、双人间、四人间、大套间、双拼套间

第3节
医养结合型
养老设施——
乐善居颐养院

项目概述

▶ **项目区位**

乐善居颐养院位于广东省佛山市顺德区容桂镇，自广州市中心驾车约1小时，距深圳市驾车约2小时，交通较为便利。乐善居颐养院为改造类养老项目，原建筑在广意集团新容奇医院的用地范围内，可经由内部道路与医院门诊、病房区联系，十分近便。

▶ **项目背景及市场需求**

顺德区位于广佛肇经济圈的南部，是佛山市与广州市联系的重要核心区域之一，当地经济水平发达。2017年，顺德区60岁以上老年人口比例达到16.2%，区域内养老机构平均入住率为82.2%，机构养老服务资源较为紧缺。

新容奇医院是佛山市医保定点单位，具有较强的综合医疗实力。投资方希望在改造后，颐养院能够为老年患者提供急症恢复期和维持期的居住场所，同时缓解医院病床紧张的情况。

▶ **项目定位**

综合当地经济发展水平、老龄化程度及基地条件，项目最终定位为：以当地需要全护理、康复治疗和临终关怀的失能、失智老人为主要服务对象，兼具专业医疗照护和养老服务功能的医养结合型养老服务机构。

▶ **改造后功能**

原建筑为四层，改造后一层供医院急诊科和放射科使用，并设置颐养院独立电梯厅，可直达三层的入口接待厅；二层则继续作为医疗用品库房使用。三、四层作为颐养院，同时将屋顶空间改造为花园，供老人进行户外活动。

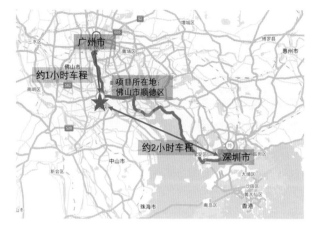

图 2.3.1　乐善居颐养院地理位置

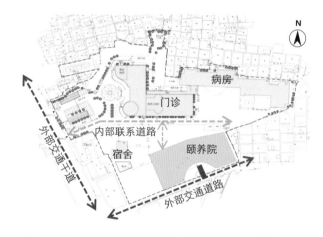

图 2.3.2　乐善居颐养院及周边建筑总平面示意图

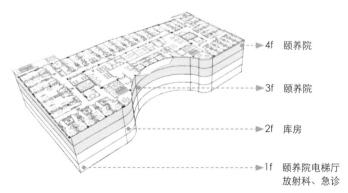

图 2.3.3　改造后建筑各层功能示意图

改造难点与设计对策

▶ 改造难点

通过现场考察与图纸分析，可以看到，将原有建筑改造为养老设施主要存在以下三大难点：

第一，既有建筑原为库房，平面进深大（最大处约40m），导致中部空间通风、采光不利。考虑到项目所在广东地区气候炎热潮湿，更需要良好的通风条件，因而给改造设计提出了挑战。

第二，建筑单层面积超过2000m²，东西总长度超过80m，可能造成床位数多、水平交通流线长、护理效率低等问题。

第三，建筑为框架结构，由于并非按照居住类建筑设计，原柱网尺寸呈现开间小（6m）、进深大（13m）的特征，若将一个柱跨开间划分为两个居室，每个居室开间仅有3m，较为狭窄。如何在面宽有限情况下满足使用功能，也是改造中的难点。

▶ 设计对策

设计中采取了一系列的针对性策略，以尽可能弥补原有建筑先天条件的不足。

在总体功能布局上，将老人居室沿外墙布置，以保证每个居室的通风采光，活动、服务空间集中布置于平面中部，并从顶层切板植入两个通高（三四层连通）的采光中庭，以改善内部空间的采光与通风条件。

围绕两个采光中庭，设计中将每层空间划分为东西两个护理组团，每组团减至25床，有助于缩短护理人员的服务动线，提高效率。组团间共用部分为康复、活动空间，以走廊连通，便于两组团的护理人员相互配合协作。

在居室设计中，因地制宜，利用不规则建筑轮廓与柱网开间设置了多种居室类型，以满足不同类型老人的居住需求。

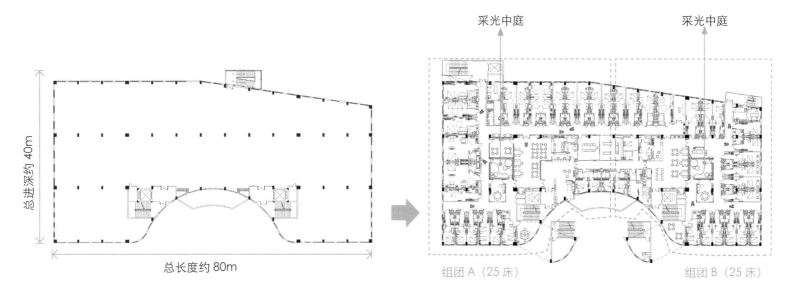

图 2.3.4　改造前：原医院仓库平面图　　　　　　　图 2.3.5　改造后平面功能示意图

建筑平面图

▶ **三层（入口层）及四层平面图**

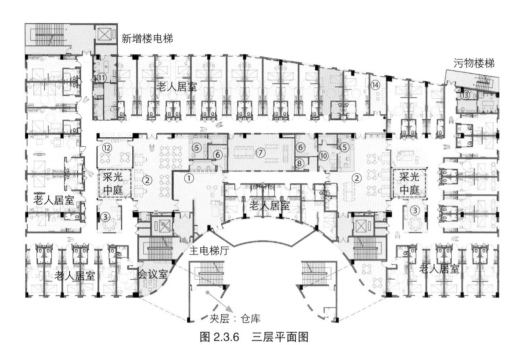

图 2.3.6　三层平面图

注：考虑到医疗废物单独运出的需要，将原建筑北部的楼梯间移到东北角作为医疗废物运出楼梯，并在西北角增加了一部疏散楼梯及货物电梯。

由于空间有限，颐养院的厨房、员工宿舍等功能布置在周边建筑中。多功能厅则与医院共用，因而没有在平面中布置。

考虑到入住老人不同的身体状态，三层主要安排半失能老人居住，四层以失能老人为主。

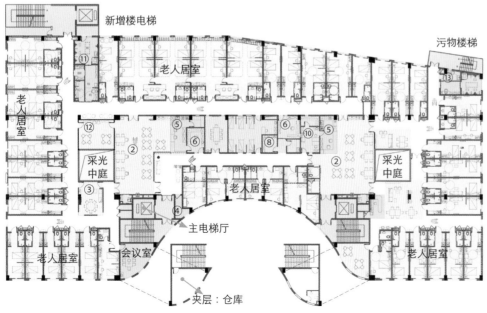

图 2.3.7　四层平面图

图例：

① 入口接待台
② 组团公共起居厅
③ 家庭团聚室
④ 中药室
⑤ 组团内护士站
⑥ 分药室
⑦ 康复训练室
⑧ 处置室
⑨ 急救室
⑩ 医生办公室
⑪ 公共浴室
⑫ 棋牌室
⑬ 医疗废物暂存间
⑭ 佛堂

图 2.3.8 采光中庭实景

图 2.3.9 三层入口处接待大厅实景

图 2.3.10 采光中庭旁的组团公共起居厅实景

动线及视线设计特点分析

▶ 在主要走廊之间设置多条"捷径"，缩短动线

由于该建筑进深较大，因此，在动线组织上采取了双内廊的形式。为加强两条主要走廊之间的联系，平面中借助公共空间双向开门的方式，设置了若干条可供穿行的"捷径"，缩短老人和护理人员的动线，避免不必要的绕道，从而提高了通行效率。

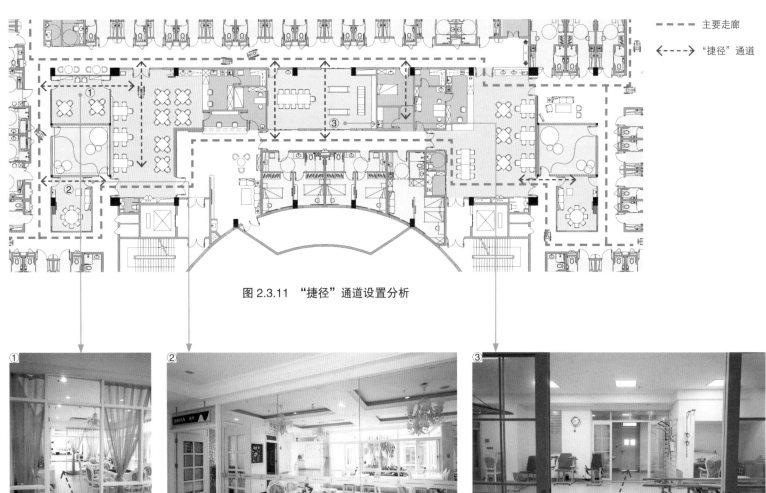

- - - - 主要走廊
◄- - - -► "捷径"通道

图 2.3.11 "捷径"通道设置分析

图 2.3.12 棋牌室东西两侧 均开门，方便老人穿行

图 2.3.13 公共起居厅通过家庭团聚室与走廊连通，方便老人到达公共起居厅

图 2.3.14 康复训练室的南北两侧均向走廊开门，不仅便于穿行，而且能够吸引老人前来参加康复活动

▶ **采用透明界面，使公共区域视线通达**

组团内公共活动空间的隔断以透明玻璃为主，保证视线的通透性，不仅便于老人识别空间，也有助于护理人员看到老人的活动情况。护理站布置于尽可能观察到整个组团公共空间的位置，便于护理人员看到各区域老人情况。

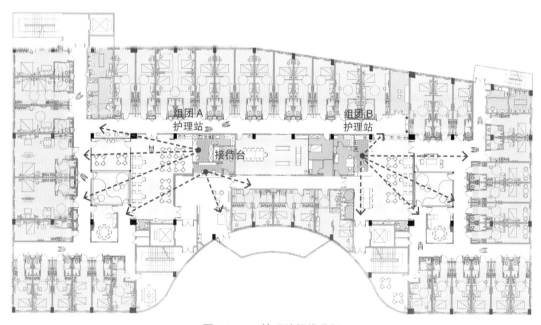

图 2.3.15　护理站视线分析

图 2.3.16　接待台可兼顾组团活动厅情况

图 2.3.17　组团 A 护理站可透过中庭了解组团内其他区域老人情况

居室设计特点分析

单人间与套间设计

▶ **房间面宽尺寸与现有柱网结构相适应**

该建筑柱网尺寸为6m（开间）×13m（进深），面宽小而进深大。为适应现有的结构框架，并尽可能使居室开间均匀以节约室内装修成本，设计中将每开间一分为二，居室采用3m面宽。

▶ **充分利用居室进深，优化布局**

▷ **卫生间布局紧凑化**

卫生间通常位于居室入口一侧，在3m的狭小面宽下，常规的卫生间尺寸可能导致入口处走道过于狭窄。因而，设计中将卫生间设备设施一字排开，并采用迷你洗手池，以最大程度节约卫生间所占面宽，为入口处的走道和简易厨房留出足够的空间。老人洗漱时也可以使用简易厨房中的盥洗池，空间更加宽敞。同时，卫生间门采用了双向推拉门，门扇开启后，可借用走道空间供轮椅进出、回转。

▷ **利用大进深布置睡眠和起居区**

由于居室进深较大，通过家具布置可形成靠窗的睡眠区及靠内侧的起居区，为老人提供了充足的活动空间。如果作为双人间使用，在布置两张护理床时，床间也能满足轮椅进出等需要。

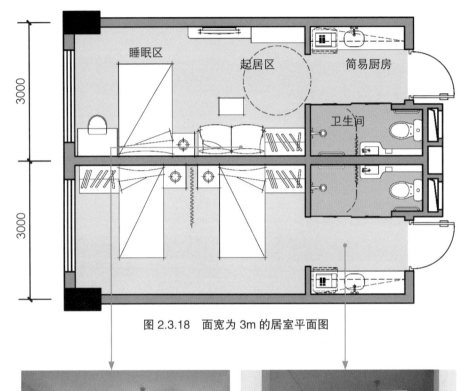

图 2.3.18　面宽为3m的居室平面图

图 2.3.19　面宽为3m的居室起居区

图 2.3.20　面宽为3m的居室入口处

▶ 利用不规则柱网设置多样户型，满足老人不同需求

▷ 利用南向小进深空间设置双拼套型

原建筑南侧有部分弧墙，进深尺寸不规整，但有良好的日照条件。在改造中充分利用该部分空间设置双拼套型，两个卧室共用卫生间与简易厨房。这样的布局不仅节约了走道面积，扩大了入口区域空间感，也充分保证了老人的个人私密空间，受到了老人的欢迎。

  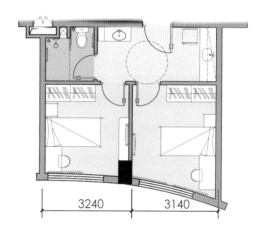

图 2.3.21　双拼套间入户门厅（左）、卧室（中）、平面图（右）

▷ 利用东西大进深柱跨设置大套间

建筑东西方向利用局部 13m 大柱跨设置了 6.5m 面宽的大套间，设置开敞式厨房与客厅，满足部分高端客群需求。

  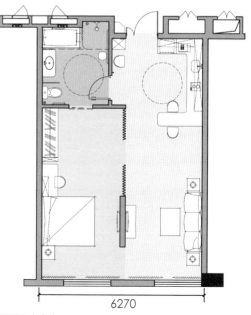

图 2.3.22　大套间空间格局（左）、开敞式厨房（中）实景照片、平面图（右）

居室设计特点分析

四人间设计

▶ 设置高效护理的四人居室

由于该设施定位为医养结合型养老设施，部分入住老人可能为卧床老人。在与运营方充分讨论后，利用6m面宽空间设计了多间护理型四人居室，并根据护理需求进行了特殊设计考虑，如设备带、分隔帘等。

▷ 两个居室中间设置护理间

部分卧床老人需要夜间随时提供监测、护理，因此，设计时在相邻的两个四人间中间设置了护理间，并在转角处开设小窗，便于护理人员夜间值班时通过小窗随时观察两侧房间中老人的情况。

▷ 各居室间以内部走廊联系

考虑到护理人员巡回照顾老人时的近便性，在四人间之间的隔墙开设了门洞，以缩短护理人员进出不同居室的动线。不使用时也可关闭，为管理服务提供了更多的灵活性。

▷ 设简易厨房方便用水

每间居室卫生间外侧设置了简易厨房，包含水池、微波炉等。方便加热饭菜、清洗水果、餐具，也便于护理人员协助老人洗漱时用水。

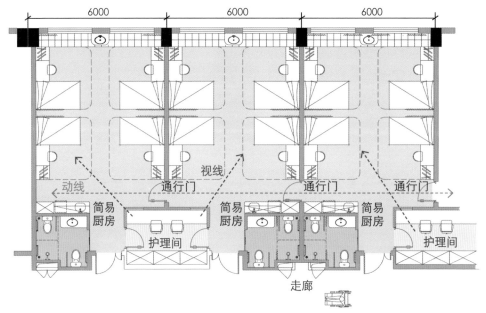

图2.3.23　四人间平面视线及动线分析

图2.3.24　四人护理型居室内实景照片

（a）开敞式备餐台

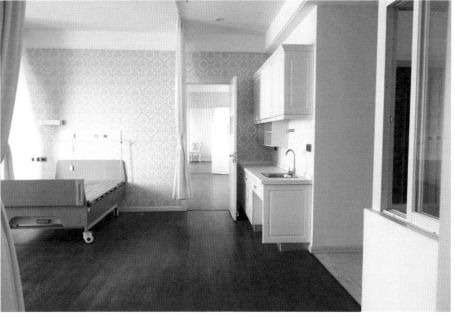

（b）四人居室内部

（c）通过护理间观察窗可看到老人情况 　（d）连通各居室的通行门

图 2.3.25　四人护理型居室内实景照片

将医养功能融入生活空间

▶ **配合"医养结合"要求，布置医疗及配套用房**

由于该颐养院毗邻医院，目标客群包括刚出院或处于恢复期的老人，因而，运营方提出颐养院须满足"医养结合"的要求，为老人提供康复及基础医疗护理。在设计中，分别在各居住组团中设置了组团医疗服务空间；两个组团间还设置了共用的医疗服务空间（包括急救室、医疗废物暂存室、医生办公室、处置室、康复训练室等）。

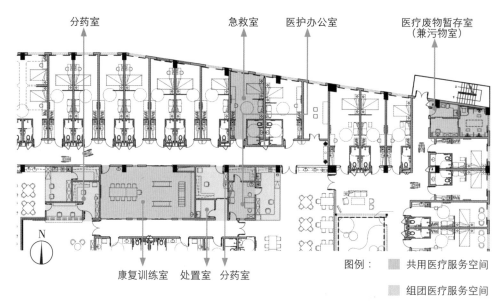

图 2.3.26　医疗空间平面布局

分药室　　急救室　医护办公室　　医疗废物暂存室（兼污物室）

康复训练室　处置室　分药室

图例：　■ 共用医疗服务空间　　■ 组团医疗服务空间

▷ **每个组团均设置分药室**

由于入住该设施的老年人护理程度较高，因此在每个组团均设置了单独的分药室，用于存放每位老人的中、西药，注射用药及医嘱等。

▷ **老人居室内的医疗供氧设备带与毗邻医院相连**

该项目中，在每个老人居室中设置医疗设备带，并直接接入毗邻医院的中心供氧系统，为老人提供吸氧、吸痰等服务。

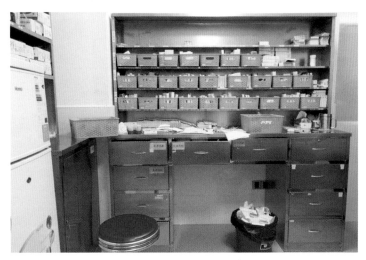

图 2.3.27　组团内设分药室

图 2.3.28　居室床头上方设置医疗设备带

图 2.3.29 医生办公室实景

图 2.3.30 急救室实景

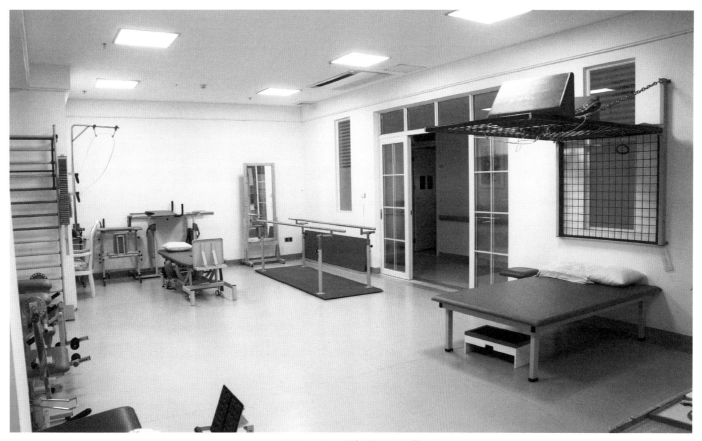

图 2.3.31 康复训练室实景

项目基本信息：

项目名称：大栅栏街道养老照料中心

项目类型：小型多功能养老设施

项目所在地：北京西城区大栅栏西河沿大街

开发方：北京大栅栏街道办事处

设计方：清华大学建筑学院

设计时间：2014.5~2014.6

开业时间：2015.3

综合经济技术指标：

总规划用地面积：334m²

建筑层数：地上 2 层

容积率：2.0

总建筑面积：669m²

床位数：25 床

第 4 节
小型多功能
养老设施——
大栅栏街道
养老照料中心

项目概述

▶ 街区现状与项目定位

项目所在地为北京大栅栏地区，位于天安门广场以南，前门大街以西，属北京核心城区。此区域历史上商业繁荣，但随着时代变迁，传统的建筑形式渐渐不能满足人们的生活需求，街区内的居民多生存在狭窄的街巷和局促的房屋中。区域内多为平房，还多有私搭乱建现象，空间局促是此区域的显著特点。同时，此区域属于老旧城区，许多年轻人陆续迁出，逐步留下较多的老龄人口，造成当地老龄化严重，而为老服务设施却十分不足。

本项目正是应区域所需，在历史保护区"见缝插针"，建设一处小型但涵盖多种功能的为老服务设施，重点服务本社区和周边的老年人，主要收住高龄需要护理的老人。项目建成以来，申请入住的需求众多，其中以80岁以上的高龄失能、失智老年人为主，反映了该地区对于小型养老设施的广泛需求。

▶ 设计与建设目标

探索社区小型养老设施建设思路：本项目系为了响应北京市政府在每一个街道乡镇普及养老照料中心的要求所建设的示范性工程，由街道办事处牵头建设，属于公办民营性质的社区小型养老机构。虽然其规模很小、床位有限、设施条件也不突出，但其真实地贴近社会需求，为老年人营造了熟悉、亲切的原居养老环境。

探索老城区养老宜居建设思路：鉴于本项目坐落于北京老城区，建设用地紧张、周边环境苛刻，为原有建筑翻建、改建项目，因此其特殊的设计理念和建设方法对于中国老城区开展养老宜居建设具有较重要的参考价值。

图 2.4.1
大栅栏地理位置（上）及地区卫星图（下）

图 2.4.2　项目所在地大栅栏地区照片（摄于 2016 年）

建设条件分析

▶ 项目难点与挑战

建设用地北临西河沿大街,呈"袋形",东、西、南三面均被四合院民居所包围,首层无法开窗,对外交空疏散困难;周边墙体系与相邻建筑共用,形状不规则;由于隶属历史保护区,沿街立面风格需要采用传统砖木形式。

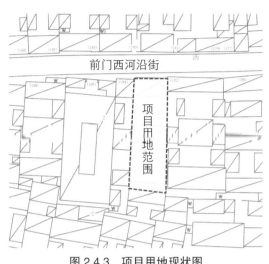

图 2.4.3 项目用地现状图

图 2.4.4 用地周边现状照片

▶ 总平面概况

项目为一栋南北走向的狭长建筑,共二层,建筑主要出入口设在北侧临街面,整个建筑内设两个采光庭院,确保老年人主要生活房间均能够获得充足的采光和通风。由于用地紧张,用地内无法留出舒适的室外活动空间,因此利用屋顶空间,设置绿化景观平台,以满足老年人室外活动的需求。

设计挑战 1:用地面积不足,难以满足老年养护院的建设要求

设计挑战 2:周边环境严苛,不利于安全疏散,采光通风受限

设计挑战 3:规模小功能全,需要在有限的空间整合多元功能

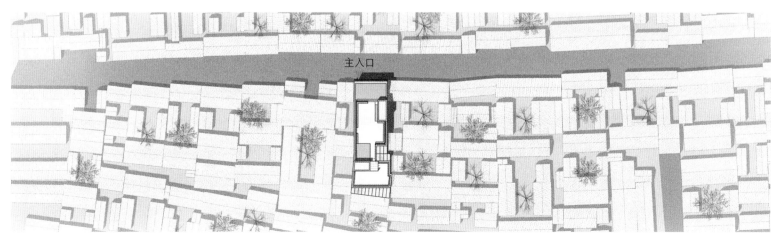

图 2.4.5 总平面图

挖掘场地空间潜力，应对苛刻的用地环境条件

大栅栏街道养老照料中心位于北京老城区历史保护区，建设用地狭小、周边环境严苛、使用功能复杂，为了应对特殊的建设条件，设计需要"量身定做"，采用针对性的建设策略。

▶ **空间布局分析**

设置内院改善通风和采光条件
建设用地被周边房屋围合成"袋形"，首层除北墙外无法对外开窗，加之面宽小进深大，不利于采光和通风。为此，方案设置了两处采光内院，以满足老年人生活房间对通风和采光的需求。

屋顶安装太阳能热水器
为了降低未来的运行成本，在屋顶平台靠近边缘的区域设置了太阳能热水器，为养老照料中心日常运营提供绿色能源。

图 2.4.6 建筑鸟瞰图

借道疏散，解决疏散口不足的难题
由于基地只有北侧临街面可设置对外出入口，不能满足养老照料中心的疏散要求，因此利用现有的与相邻院落间的通路设置了第二个疏散口，从而在紧急情况下可借由邻院向外疏散。

设置屋顶平台作为老年人室外活动场地
利用屋顶平台作为老人活动场地，以解决老城高密度环境中用地紧张与老人需求室外活动场地之间的矛盾。

图 2.4.8
利用屋顶设置室外活动空间，为老人提供视线开阔的室外活动空间环境

图 2.4.7
建筑内设置了小型内庭院，在改善用地紧张的建筑内部采光条件的同时也
提供了舒适的室外休憩空间

图 2.4.9
室内公共用餐空间借助内庭院改善自然采光和通风条件，同时内庭院的绿
化景观也为餐厅提供了良好的对景，丰富了空间层次

建筑空间紧凑、功能复合

▶ **紧凑布置建筑平面，提高小型空间的居住服务质量**

为解决养老照料中心老年人的长期入住需求，建筑需要提供集交往、起居、护理、康复等多种功能为一体的居住服务环境，要求可谓规模小、功能全，因此需要在有限的使用空间中紧凑安排空间功能，以满足实际运营需求。

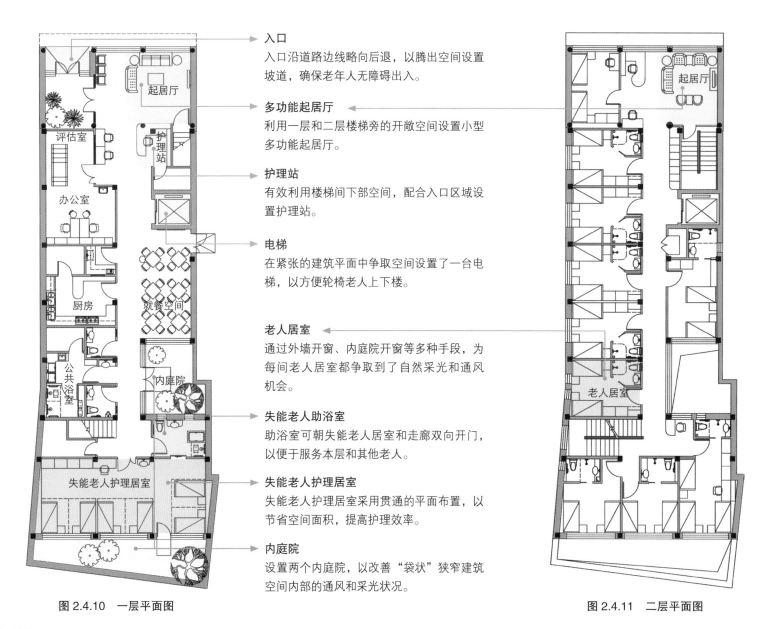

入口
入口沿道路边线略向后退，以腾出空间设置坡道，确保老年人无障碍出入。

多功能起居厅
利用一层和二层楼梯旁的开敞空间设置小型多功能起居厅。

护理站
有效利用楼梯间下部空间，配合入口区域设置护理站。

电梯
在紧张的建筑平面中争取空间设置了一台电梯，以方便轮椅老人上下楼。

老人居室
通过外墙开窗、内庭院开窗等多种手段，为每间老人居室都争取到了自然采光和通风机会。

失能老人助浴室
助浴室可朝失能老人居室和走廊双向开门，以便于服务本层和其他老人。

失能老人护理居室
失能老人护理居室采用贯通的平面布置，以节省空间面积，提高护理效率。

内庭院
设置两个内庭院，以改善"袋状"狭窄建筑空间内部的通风和采光状况。

图 2.4.10　一层平面图

图 2.4.11　二层平面图

▶ 复合安排空间功能，提高空间利用率

为在有限的空间中实现多种服务功能，该项目采用了一房多用策略：例如，一层餐厅空间复合了就餐、娱乐、康复和学习等多种功能；二层的公共起居厅也复合了起居、活动、收纳等多种功能。通过分时利用，有效提高了公共活动空间的使用效率，同时增加了老人之间以及老人与员工之间的交往机会。

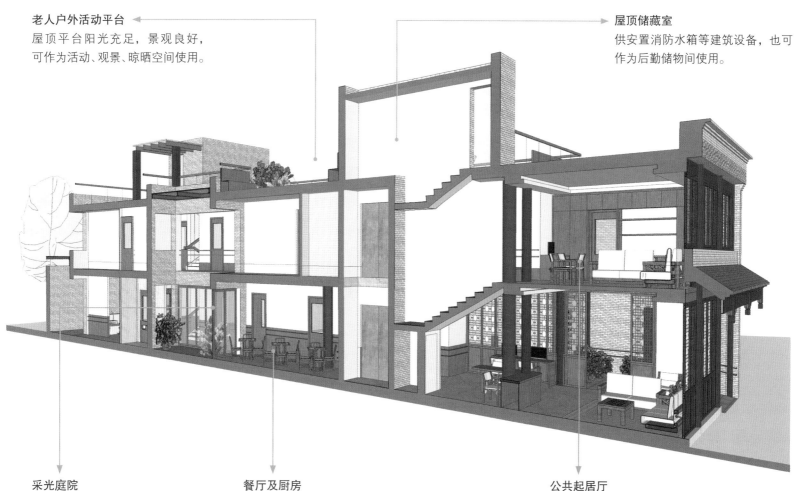

老人户外活动平台
屋顶平台阳光充足，景观良好，
可作为活动、观景、晾晒空间使用。

屋顶储藏室
供安置消防水箱等建筑设备，也可
作为后勤储物间使用。

采光庭院
在改善建筑通风采光状况的同时，
可作为养花种植园地使用。

餐厅及厨房
就餐空间与厨房相邻设置，便于提高服务效率。同时，
就餐空间还可作为娱乐、康复和员工会议空间使用。

公共起居厅
均采用开放的家庭式起居厅风格装修，可作为
起居、活动、收纳等多种功能空间使用。

图 2.4.12　建筑空间功能布置分析图

公共空间的精细化设计

为方便照顾老人，公共空间采用开敞式格局，办公室、护理站等位置选在交通枢纽附近，尽可能做到视线通达，方便老人与服务人员间的交流，紧急时及时求助。

▶ **公共空间设计分析**

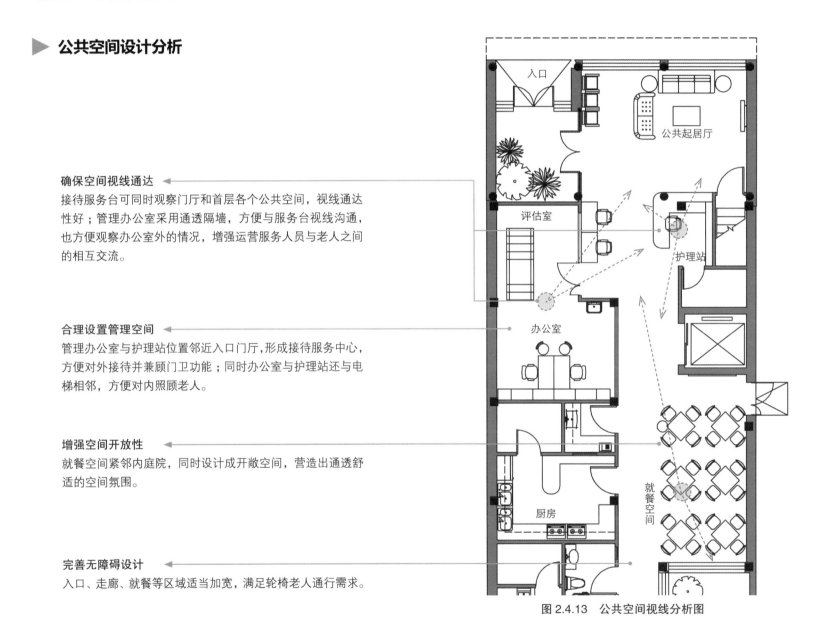

确保空间视线通达
接待服务台可同时观察门厅和首层各个公共空间，视线通达性好；管理办公室采用通透隔墙，方便与服务台视线沟通，也方便观察办公室外的情况，增强运营服务人员与老人之间的相互交流。

合理设置管理空间
管理办公室与护理站位置邻近入口门厅，形成接待服务中心，方便对外接待并兼顾门卫功能；同时办公室与护理站还与电梯相邻，方便对内照顾老人。

增强空间开放性
就餐空间紧邻内庭院，同时设计成开敞空间，营造出通透舒适的空间氛围。

完善无障碍设计
入口、走廊、就餐等区域适当加宽，满足轮椅老人通行需求。

图 2.4.13　公共空间视线分析图

公共空间实景

图 2.4.14
建筑入口风格与周边合院类似，避免突兀，营造温馨亲切的氛围，让老人
有回家的感觉

图 2.4.15
门厅部分为入口与内部空间提供过渡，采用暖色设计，给老人以雅致的感觉

图 2.4.16
接待休息区位于入口进门处，老人可在此休息聊天，增强居家亲切感

图 2.4.17
餐厅在非用餐时段可作为老人活动与交流场所使用

优化老人居室设计

▶ **老人居室设计分析**

老人居室主要位于二层，采光通风条件良好，大多采用双人间的形式。虽然房间面积有限，但是通过合理的设计，空间得到了集约利用，还可以满足轮椅老人的使用需要。

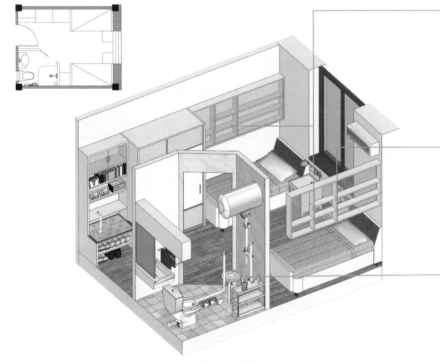

设多处储藏空间
室内设有多处储藏空间，如：衣柜、书柜和鞋柜，为老人放置日常用品，衣物鞋帽等提供了充足的空间。位于老人床边的开敞式储物架可方便老人在床上使用。

注重床边空间细节设计
休憩床位可移动，方便护理人员根据需要改变床的位置，进行床上护理。床边宽度可满足轮椅回转需求。床头设置了紧急呼叫器，还为后期安装护理设备预留了相应接口。

小型卫浴空间设计紧凑、设施较为齐全
老人居室内均设有独立卫生间。为节约空间，卫生间平面采取抹角形式，并以门帘代替浴室门。卫生间内设盥洗池、坐便器和座凳淋浴，重点部位安装扶手，方便老人单独行动时借力，保障安全。

图 2.4.18 老人居室分析图

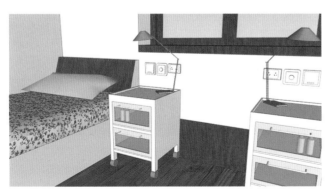

图 2.4.19 床头设有呼叫器并预留护理设备接口

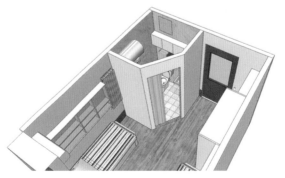

图 2.4.20 卫生间抹角设计有利于节约空间

图 2.4.21 卫生间布置紧凑、设施较齐全

▶ 失能老人居室设计分析

一层南部设有失能老人居室，采用贯通式设计，可同时入住 6 位失能老人。失能老人居室就近设有公共助浴间，方便为失能老人洗浴和清洁。

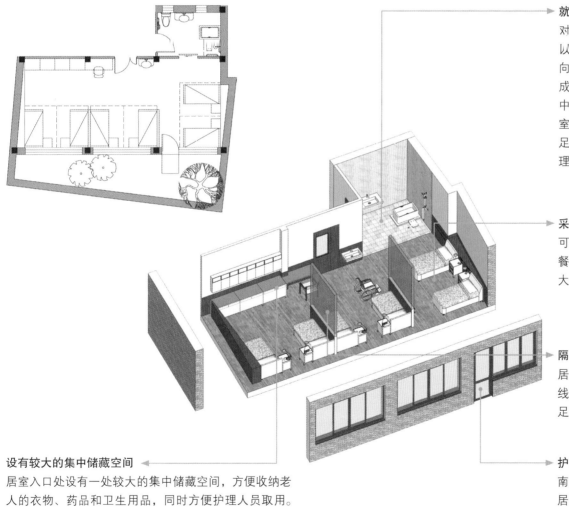

就近设置集中助浴间

对于失能老人来说，洗浴需外力协助，所以在其居室附近设有一间助浴间，助浴间向失能老人居室和走廊各开设一个门，形成回游路线，方便护理人员集中服务。集中助浴间空间设计较宽敞，干湿分区。浴室内设有浴缸和淋浴两种洗浴设备，以满足不同需求。浴缸两侧留有空间，方便护理人员为老人洗浴。

采用移动式护理床

可移动式护理床方便为卧床老人进行喂餐、翻身和清洁等护理服务，床间空间较大，方便移动护理床。

隔断上部采用通透界面

居室隔断镶嵌大面玻璃，让护理人员的视线通达，方便时时观察老人情况、及时满足老人需求。

护理居室与庭院直接连通

南部庭院通过扩大的窗户面积为失能老人居室提供了良好的采光和通风条件，利于去除室内异味，并方便护理人员就近晾晒老人的用品。

设有较大的集中储藏空间

居室入口处设有一处较大的集中储藏空间，方便收纳老人的衣物、药品和卫生用品，同时方便护理人员取用。储藏空间采用吊柜和矮柜相组合的形式，并设有一处连续工作台面。

图 2.4.22 失能老人居室分析图

图书在版编目（CIP）数据

养老设施建筑设计详解 2 / 周燕珉著. —北京：中国建
筑工业出版社，2018.3（2023.1重印）
ISBN 978-7-112-21681-9

Ⅰ.①养…　Ⅱ.①周…　Ⅲ.①老年人住宅-建筑设计
Ⅳ.①TU241.93

中国版本图书馆CIP数据核字（2017）第316976号

责任编辑：费海玲　焦　阳
责任校对：张　颖

养老设施建筑设计详解2

周燕珉　等著

*

中国建筑工业出版社出版、发行（北京海淀三里河路9号）

各地新华书店、建筑书店经销

北京嘉泰利德公司制版

天津图文方嘉印刷有限公司印刷

*

开本：787×1092毫米　1/12　印张：16⅔　字数：280千字

2018年4月第一版　2023年1月第五次印刷

定价：**138.00**元

ISBN 978-7-112-21681-9

（31529）

版权所有　翻印必究

如有印装质量问题，可寄本社退换

（邮政编码　100037）